第一辑·全10册

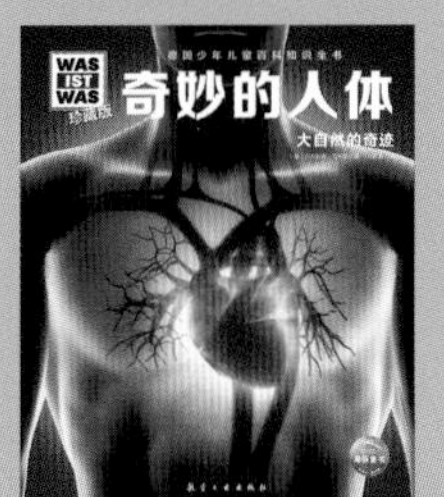

第二辑·全10册

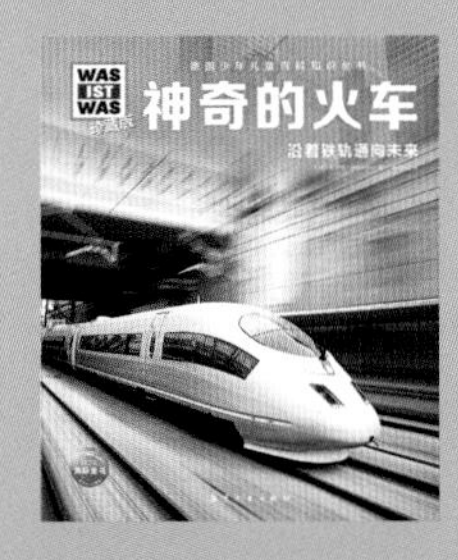

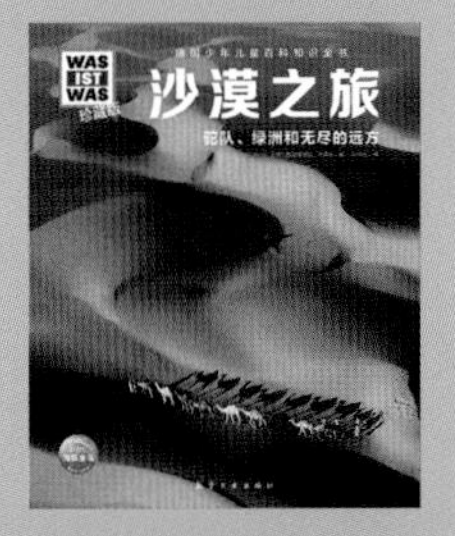

第三辑·全10册

第四辑·全10册

第五辑·全10册

第六辑·全10册

第七辑·全8册

自好奇 科学改变未来

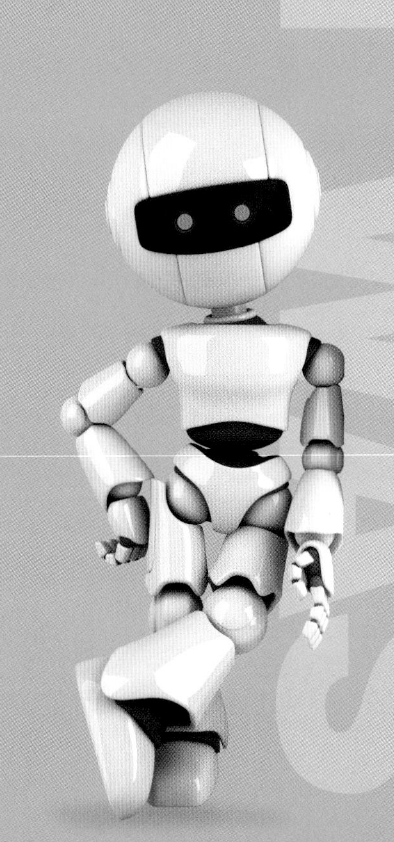

改变世界的电

高电压与超导体

[德] 劳拉·黑恩曼 / 著　林碧清 / 译

航空工业出版社

方便区分出
不同的主题！

真相大搜查

4 电 流

4 爱迪生还是斯旺？到底是谁发明了第一个真正的电灯泡？

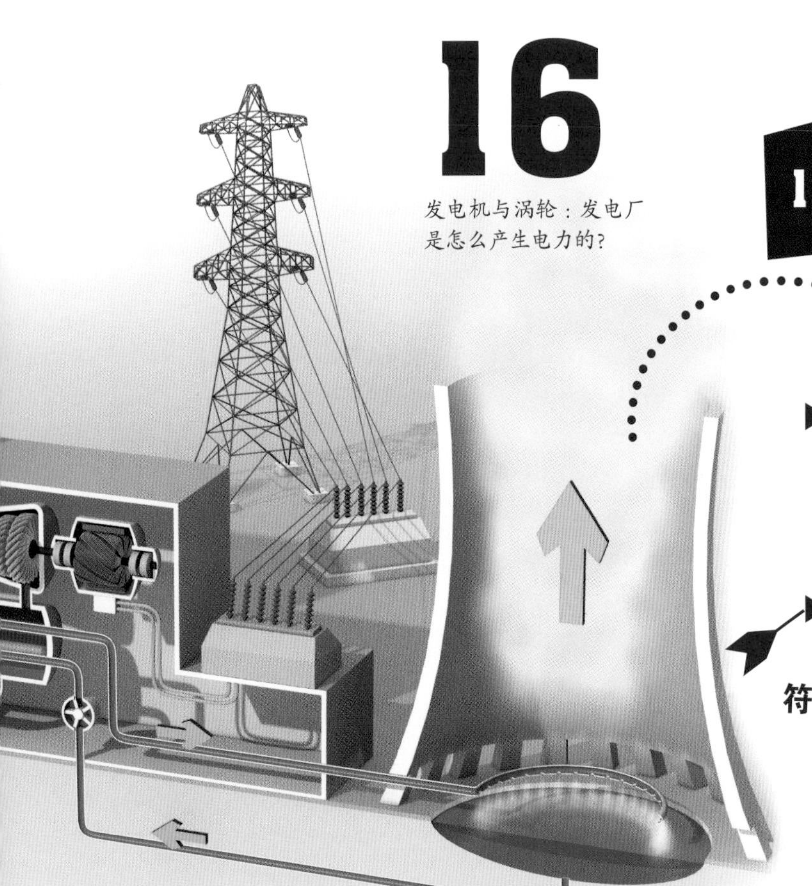

16 发电机与涡轮：发电厂是怎么产生电力的？

16 人造的电

符号▶代表内容特别有趣！

34 大自然的电

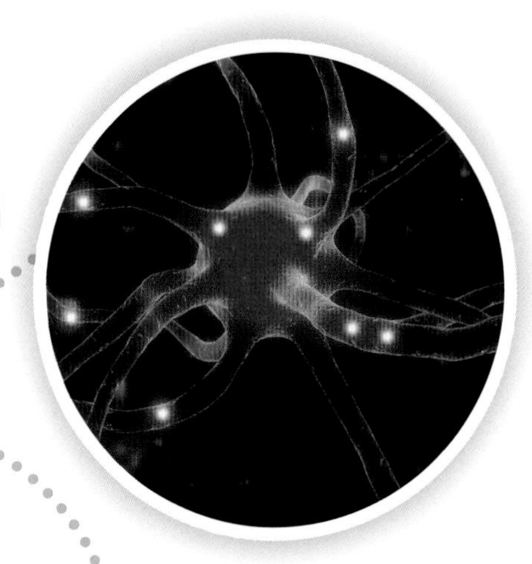

38

你知道吗？要是没有电，我们的神经细胞就再也不能传递感觉了！

闪电带来惊恐与迷惑——它刺激了科学家，带领我们走进电的奇妙世界。

40

电鳗、电鲼、象鼻鱼：认识一下这些鱼类吧，它们可是真正的发电专家！

42 电的未来

48 名词解释

44

一块飘浮在半空中的磁铁！你知道超导体是怎么办到的吗？

黑暗到光明的竞赛：灯泡的发明

爱迪生手里拿着一颗灯泡，站在他位于新泽西门罗公园的实验室里。

白炽灯泡一直都是光亮的象征——虽然现在逐渐被省电灯泡、卤素灯泡以及 LED 灯泡取代。白炽灯泡也是常见的象征性符号：在漫画里，我们看到谁的头上突然出现一个灯泡，就表示他想到了一个好主意！但是白炽灯泡到底是谁灵光一闪的好主意呢？大多数人都会把灯泡的发明全部归功于托马斯·爱迪生，其实事情并没有那么简单……

白炽灯泡到底是谁发明的？

自古以来，人类的起居作息一直都简单而规律，大家日出而作，日落而息，因为只有白天是明亮的，一到晚上就什么也看不见。到了 1820 年代，出现了瓦斯灯，人们燃烧一种混合气体，利用火焰来照明，于是在晚上也能看得见，到处都能灯火通明。但是这种瓦斯气体很容易引发火灾，而且点这种瓦斯灯，往往会使得室内太热，不怎么舒服。当时的歌剧院就是使用这种瓦斯灯照明，这使得坐在观众席最上面一排看戏的人，常常热昏了头。

因此许多发明家一直在寻找更好的光源。早在 1800 年代，就有英国人汉弗莱·戴维把电流通过白金做的线，使它炽热起来而发光，但是只能维持一下下。这是第一个白炽灯丝，也可以说是电灯泡发明的首次捷报。之后，弗雷德里克·德·莫林斯，也是个英国人，他把这种白金线安装在玻璃容器里，然后再尽可能把容器里的空气抽出来，让内部成为半真空状态。这种灯泡用起来就好多了，灯丝不会那么快就烧焦，后来的发明家也跟着沿用这种技术。

最后，在 1870 年代，第三个英国人有了重大进展：约瑟夫·斯旺发明了真正的白炽灯泡，他用的是纸纤维碳化而成的灯丝。在这同时，美国的爱迪生也使用了棉线碳化而成的灯丝，但是他的内部真空做得比斯旺还要好。斯旺在英国取得专利，创立了一家公司，贩卖他的白炽灯泡。爱迪生在美国也做了同样的事情。经过一场法庭上的诉讼之后，两人在 1883 年协议使用同一个白炽灯泡的商标，名称叫作“爱迪斯旺”。

不过这个时候，我们现今所熟悉的白炽灯泡，还不能算是真的已经发明出来，要等到 1900 年代，美国人威廉·柯立芝才开始使用钨丝作为灯丝，而且一直沿用到现在。在这期间，也一直有其他的科学家对白炽灯泡的改良做出过贡献。天知道——这些发明家在关键时刻，是不是也像漫画上那样，脑袋里突然亮起一个灯泡，跟着就发明出了什么东西……

英国发明家斯旺于 1828 年出生，1914 年去世。

会不会是德国人发明的？

在德国汉诺威附近的小镇施普林格，流传着另一个关于白炽灯泡的故事。当地有个人叫作海因里希·戈培尔，据说他在斯旺和爱迪生之前大约 25 年，就做出了可以正常使用的白炽灯泡。但是由于戈培尔从未申请过专利，而且事后无法在法庭上确认他这项发明，所以“戈培尔发明灯泡”这个说法，终究只能为当地人津津乐道、引以为荣。

电器照明

德国最早期的电器照明设备，于 1882 年安装在柏林的波茨坦广场。

电子
鲜为人知的一面

它们非常非常小，小到连最精密的显微镜都看不到；它们飞得非常非常快，快到连自己都不知道现在在哪里；它们也非常非常轻，但是有带电……错了，这不是在讲什么精灵或什么神话故事，我们讲的是“电子”，而且它们还活生生地充斥于我们的周遭，甚至连我们的身体也是由许多电子构成的！因为它们是原子的一部分，而所有的物质，以及所有我们摸得到的东西和摸不到的东西，像是呼出的空气，都是由原子组成的。原子虽然不带电，也就是说，它是中性的，但只是从外面看起来如此。组成原子的基本粒子其实是带电的，原子核带正电，微小的电子则带负电——人们把它们称为“电子”，把天空中伴随着雷鸣所发出的闪光称为“闪电”，把看卡通影片的东西称为“电视”，这些都有个“电”字，是有原因的。

什么是电？

电，可以分成两大类：

1. 静电：当带电的粒子静止不动的时候，称为“静电”。
2. 电流：那么有没有“动电”呢？有，但是我们称为“电流”，就是当带电的粒子移动的时候。

原子核与电子

我们的身体以及周遭的每一样东西，都是由原子构成的。每个原子都是由核心部分的微小原子核和周遭更微小的电子所构成的。原子核带正电；电子则带着负电，稀稀疏疏地散布在原子核周围。我们可以这样想象：在微小的原子核四周，有许多更小的电子快速不停地飞舞着，它们是在距离原子核很远的地方飞着。所以简单说起来，一个原子的电子飞舞区到原子核之间，可以说是空得很呢！

离 子

有时候原子会得到过多的电子，这个时候，从外面看起来，这个原子就带了负电；或是反过来，要是原子失去了一些电子，这时候是带正电。带电的原子就称为“离子”。“电”的现象，也常常是因为离子而造成的。

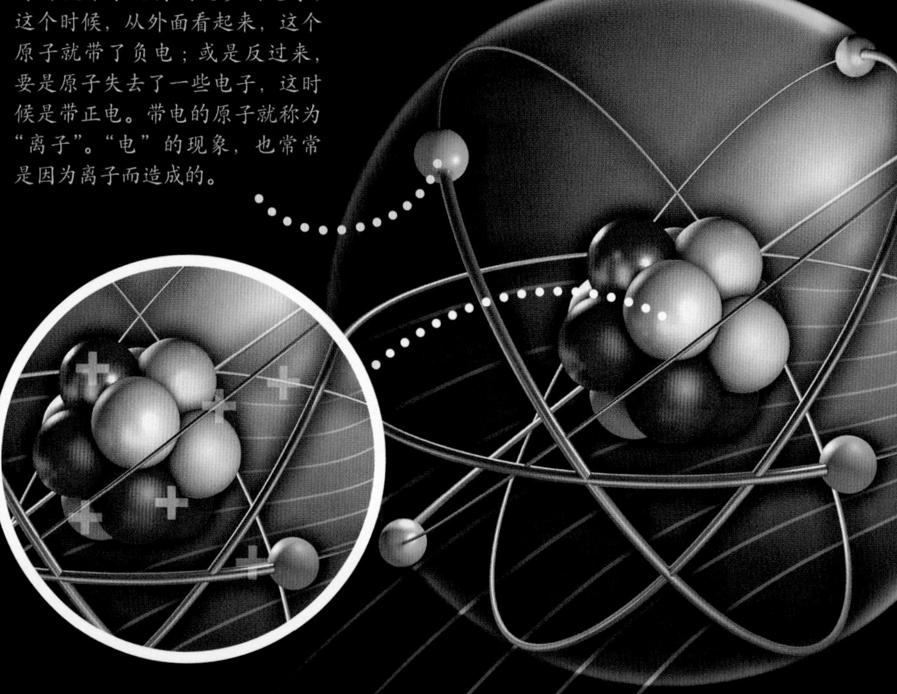

正电与负电

原子核是由两种粒子构成的，也就是带有正电的质子和电中性的中子。质子所带的电量和电子的电量相等——只差在符号相反，一个是正号，一个是负号，两者正好互相抵消。一个原子，要是我们不去动它，那么它所含的质子和电子所带的电一样多，正电和负电互相抵消。所以从外面看起来，整体而言是中性不带电的，这种情形叫作“电中性”。

什么是电荷?

所有跟“电荷”有关系的事物，都称为“电”。换句话说，“电”是因为“电荷”而造成的。那么到底什么是“电荷”呢?

这个问题跟“什么是质量”（平常所谓的“重量”）一样很难回答。不管是质量还是电荷，最好的方法就是仔细观察它们。有些时候，质量和电荷很像，有些时候则一点都不像：

质　量	电　荷
质量只有一种。	电荷有两种：正电荷和负电荷。当一个物体含有相同数量的正电荷和负电荷的时候，这些电荷会互相抵消。
质量会给我们重量，让我们被吸附在地球的表面。	两种不同种类的电荷会互相吸引，相同性质的电荷会互相排斥，也就是我们常讲的“同性相斥，异性相吸”。
质量愈大，被地球吸住的力量就愈大。捡起一颗小小的石头，比抬起一块大岩石，要容易多了。	电荷愈大，互相排斥（正与正、负与负）的力量就愈大，互相吸引（正与负、负与正）的力量也愈大。
一个物体的质量是它身上所有原子质量的总和。不同种类的原子具有不同的质量。	一个物体的电荷是它身上所有电荷的总和（相加的时候，正与负互相抵消）。每个电子所带的电荷都一样多，这个电量称为“基本电量”。

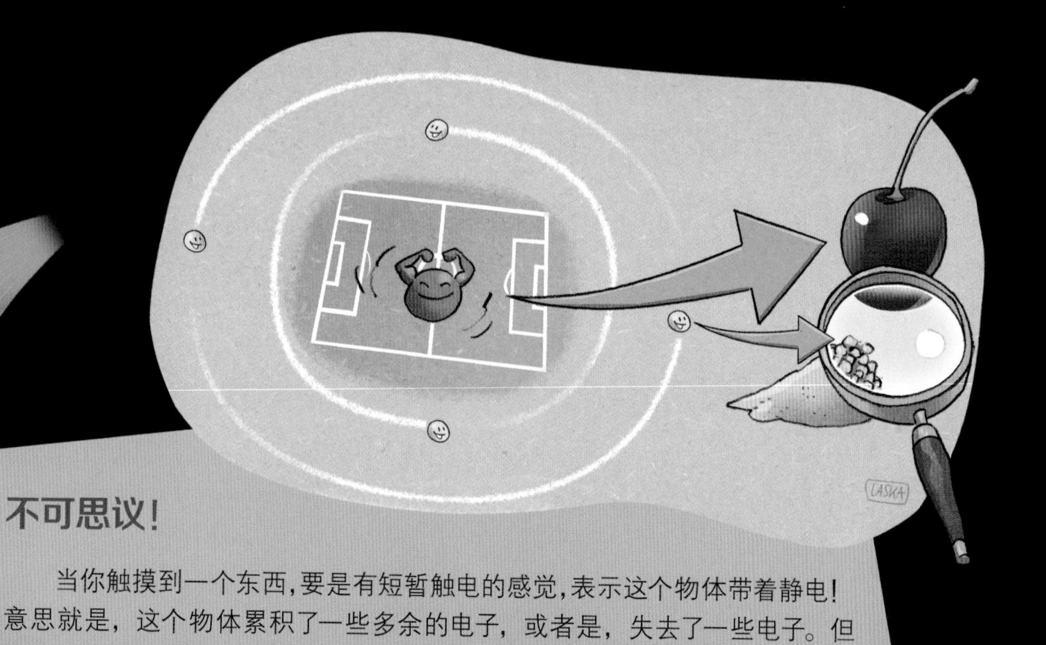

你知道吗?

如果一个原子核像一颗樱桃那么大，那么一个电子的大小就只有一粒沙的百分之一。如果把这个原子核放在足球场的正中央，那么就像图片上画的那样，这个原子就有整个足球场那么大，电子是在距离原子核很远的地方飞来飞去!

不可思议!

当你触摸到一个东西，要是有短暂触电的感觉，表示这个物体带着静电!意思就是，这个物体累积了一些多余的电子，或者是，失去了一些电子。但是不用担心，这种在日常生活中所碰到的静电，并不危险。

水流与电流

在电线杆或类似的电力设备附近，常常会看到警告标志："小心高压电！" 然而电线杆上的电线所输送的却不是电压，而是电流！电流和电压到底有什么不一样呢？我们又应该如何理解这两种概念？

电流和电压有什么不同？

日常生活中，只要是跟电有关系的事物，我们常常会碰到两个不同的字眼：一个是"电流"，另一个是"电压"。

关于"电流"，可以从"水流"开始想象。"水"流动的时候称为"水流"，那么电流就是流动的电荷。当河水流动的时候，有两个重要的特征，一个是水量，另一个是坡度。

坡度陡峭的瀑布使得流水疾速往下冲。这就好像极高的电压可以产生很大的电流。

要是没有水，就不会有水流；要是只有水

小心，高电压！
坡度陡峭的瀑布使得流水疾速往下冲。这就好像极高的电压可以产生很大的电流。

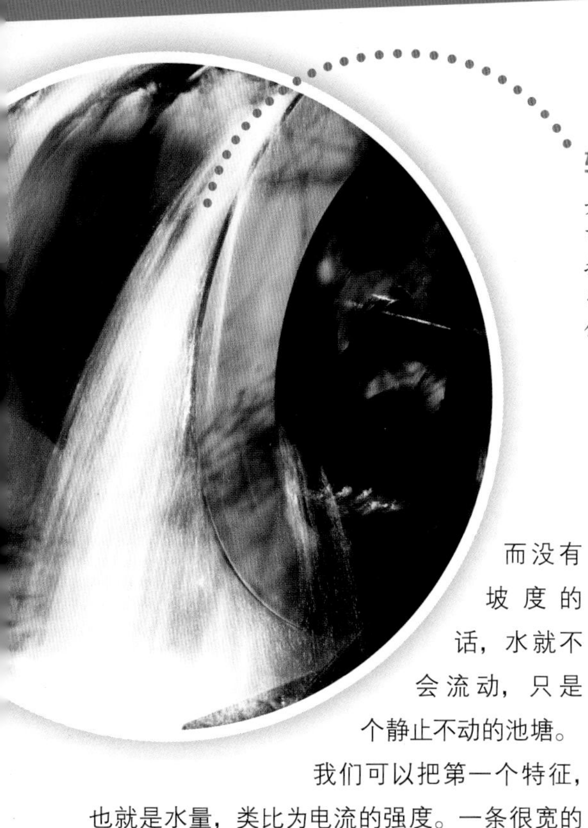

转个不停

如果我们引导水流，让它转动水车，就可以做功，就像在水力发电厂，它可以推动发电机，产生电流。同样的，如果引导电流流过家用电器，它也可以做功，使灯泡发光，让电风扇转动。

而没有坡度的话，水就不会流动，只是个静止不动的池塘。

我们可以把第一个特征，也就是水量，类比为电流的强度。一条很宽的河流可以流过很大的水量，这就像很粗的电线可以流过很强的电流。再看看第二个特征“坡度”。我们平时所能看到最大的坡度，就是瀑布，这个时候水不只会流动，而且会力道很强地冲下去。我们浴室里的地板也有坡度，但是由于坡度很小，水是慢慢地流进排水孔。水流需要坡度，这就像电流需要电压一样，电压会使电子流动而产生电流。水流那么强大，但也是一小滴、一小滴的水构成的；电流也是因为一小个、一小个细微电子的流动而产生的！

“水流”和“电流”的类比很有趣，也可以告诉我们更多的事情：水流和电流都会“做功”，水流可以推动水车转个不停，电流也可以推动马达让它转动，推动一盏灯让它发亮，或是推动一个智能型手机，让它做很多事情。

坡度太小，水的压力不够，水流就不强，也就推不动水车。同样地，电压太低，电流不够大，也就推不动我们常见的家用电器。透过这种比较应该可以说明，电池或发电厂有什么用途——就是用来产生“电压”。电压可以想象为“电的坡度”，它使电有高的地方和低的地方，也使电由高电位往低电位流。再回到水，用抽水机来做比喻，就是把水从低谷送到高山，让水流不断地重新往下冲。事实上，太阳也做了一样的事，它让水从海面蒸发，再从高处落下雨或雪。太阳的能力比抽水机大多了。我们可以这样说，太阳让水蒸发后再从高处落下，让水流循环的情形，就有如发电厂把电压（“电的坡度”）提高，驱赶电子流动而产生电流。

你知道吗？

发电厂所产生的电流有多少，是以“功率”来计算的，它的单位是“瓦”或“千瓦”（相当于1000瓦），所以我们常常会听到像是：“这个发电厂的发电量是大约90万千瓦”的说法，指的就是发电厂的功率，也就是“做功的速率”。功率是计算电力的常用名词，算法是电流强度乘以电压，所以我们又看到了，当讨论电力的时候，电流和电压两者缺一不可！

为什么电源插座要有两个洞？

要不是有太阳，而且还会下雨的话，就不会有流动的河水。这是奇妙的大自然所创造出来的方法，让水不断地反复循环。“循环”就是这里最重要的关键词。水流需要循环，电流也要有循环，它由电池流到电灯，再由电灯流回到电池。只有当循环的路线接通的时候，电子才可能流动——要不然它们就会堵塞在某个地方了！一个电源插座有两个洞，一个插头也有两片金属，这是因为其中一个是电子流过去用的，另一个是电子流回来所需要的路线。那到底是从左边过去，从右边回来，还是反过来呢？都不是！因为我们在家里用的电源称为“交流电”，意思就是它一会儿过去，一会儿回来，没有固定的方向，所以插上插座就通了电。不妨试一试吧！

吸引力——电流与磁铁

所谓电流，就是带电粒子的运动。至于磁场呢？我们可以想象，一块磁铁周遭具有一片可以吸引其他金属的力场，而且这块磁铁有一个北极和一个南极。电流与磁场，我们平常会觉得这是两样互不相干的东西，其实不然！事实上，电流与磁场之间，有着一种微妙的紧密关系，两者可以相互作用，它们之间具有一种神秘的力量。磁铁，在发电厂里也扮演着非常重要的角色，它可以发电！

你知道吗？

在电与磁当中，光也具有一席之地。事实上，光是一种电磁能量！光也是电磁波的一种，所有的电磁波都跟光一样，是以光速传递的。

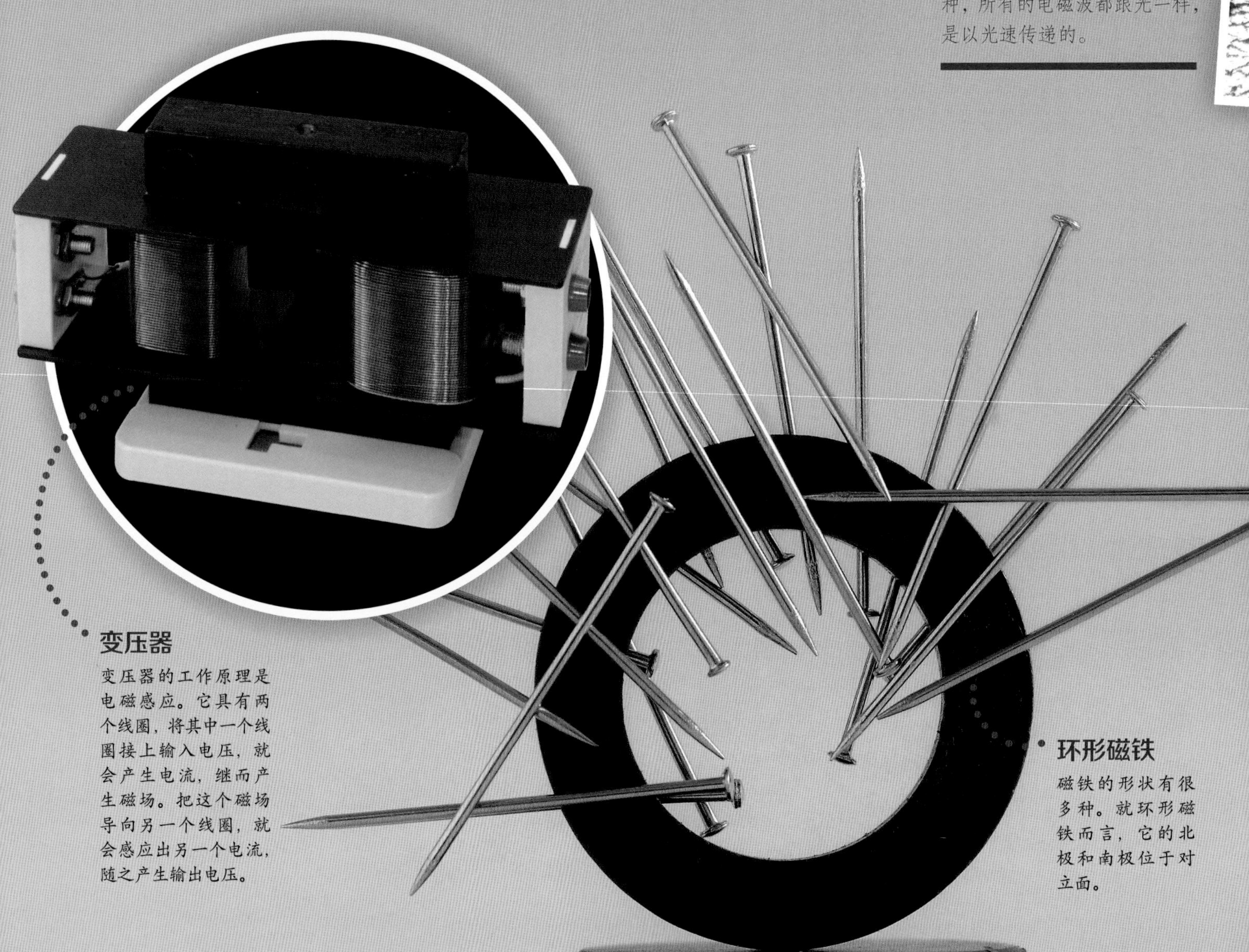

变压器

变压器的工作原理是电磁感应。它具有两个线圈，将其中一个线圈接上输入电压，就会产生电流，继而产生磁场。把这个磁场导向另一个线圈，就会感应出另一个电流，随之产生输出电压。

环形磁铁

磁铁的形状有很多种。就环形磁铁而言，它的北极和南极位于对立面。

电流与磁铁到底有什么关系?

电力与磁力，都可以用所谓“力场”的方法来进行很好的描述。电场就是电力所及的势力范围，它会对带电粒子施力；磁场是磁力所及的势力范围，它会对磁性粒子施力。在一块磁铁的周遭，有个我们看不见的磁场。要让看不见的磁场现出原形，可以在磁铁的周围撒一些铁屑，那么这些铁屑就会沿着磁力线排列出磁场的形状。

但是最神奇的还是电场与磁场居然会交互作用，互相感应。在科学上，电流只是另一个较为宽广的领域所包含的现象，这个领域就是电磁学。

电　场

一个带电的粒子会在它的周遭产生电场。这个电力场会对其他的带电粒子施力，让它们加速运动。例如，一个带正电的粒子，和一个带负电的粒子，会相互吸引。

磁　场

一块磁铁会在它的周遭产生磁场。这个磁力场会对其他的磁性物体施力，让它们加速运动。例如，一块磁铁的南极，和另一块磁铁的北极，会相互吸引。

两者之间的神秘关系

一个运动中的带电粒子（也就是电流），会沿着自身的运动路线产生磁场。一个正在变化中的磁场，会产生电场。要是有一个电场的方向垂直于另一个磁场的方向，那么带电的粒子就会被推向空间中的第三个方向。这几种力量之间的关系称为“洛伦兹定律”。

因为电与磁会交互作用，互相感应，利用这个原理，可以制作出一块电磁铁。做法是：只要把电线以螺旋的方式绕成一个线圈，然后在线圈的两端通上电流，那么这个线圈就会产生一个磁场。结果它就像一块长方形的磁铁一样，有南极，也有北极！

麦克斯韦

电场与磁场之间的关系，是苏格兰物理学家詹姆斯·克拉克·麦克斯韦所找到的。1860 年代，这位物理学家用 4 个数学方程式确立了电与磁的关系。这些方程式统称为“麦克斯韦方程式”，虽然它们看起来怪里怪气的，但是直到今天，还是充分提供了物理学家所需的最佳理论依据。毫无疑问，麦克斯韦是个天才，据说他为人孤僻，很难相处。传说中，他常常跟他的狗“托比”一起讨论物理学的定律。

地球的磁场

我们平时会接触到的磁铁，是贴在冰箱上的卡通人物，或白板上压住纸张的磁铁。但是与生活息息相关的，其实还有一个巨大无比的磁铁，那就是我们的地球。这个巨大的磁场涵盖了整个地球，从南极一直延伸到北极。但是怎么会有这个磁铁呢？到底是什么造成了这个磁场呢？事实上，地球里面藏了一块电磁铁。地球的核心等同于一块坚硬的金属，其金属特性的核心外面包覆着一层厚的液态金属，那里很热，温度高达 6000 摄氏度！在这么热的环境下，有些金属原子失去了自己的电子，变成带电的原子。就像煮汤的时候，锅子里的食材横冲直撞一样，这些带电的粒子也是一直在运动。前面刚刚学过的电磁定律，现在派上用场了：运动中的带电粒子会产生磁场。这就是为什么我们的地球会有个巨大的磁场。

磁力线

看不见的保护神盾：地球磁层

到野外踏青的时候，地球的磁场非常有用，因为它会让我们的指南针告诉我们方向。但是这只不过是地磁附带的作用而已。更为重要的是，这个磁场会保护我们不受带电粒子的侵害。

有许多看不见的带电粒子，持续不断地从太阳吹到地球上来，这种现象称为“太阳风”，对地球上的生物来说非常危险。不只如此，要是没有这个磁场，太阳风甚至会把地球的大气层都吹散掉，我们将会连呼吸都不可能！

这个保护着我们的地球磁场也称为“地球磁层”。值得庆幸的是，磁场所涵盖的范围不仅包括地球的大气层，还直入外太空。

蠢蠢欲动的磁极翻转

地球磁场的两极其实并不位于地球自转的正北极与正南极，而是偏离了一段距离。但是它还是能够转动指南针，告诉我们大致的方向。

另一件值得注意的事情是，地球的磁极正在缓慢翻转着！此刻，地球的磁北极可能已偏离地理北极达 100 千米，且每年增加几十千米的偏移。

每隔几百万年，地球的磁北极和磁南极会翻转一次。我们怎么会知道呢？从埋在地下深处、具有磁性的古老岩石可以看得出来，远古时代岩石的磁场方向与现代磁场相反，由此可以看出地球磁极方向翻转的现象。

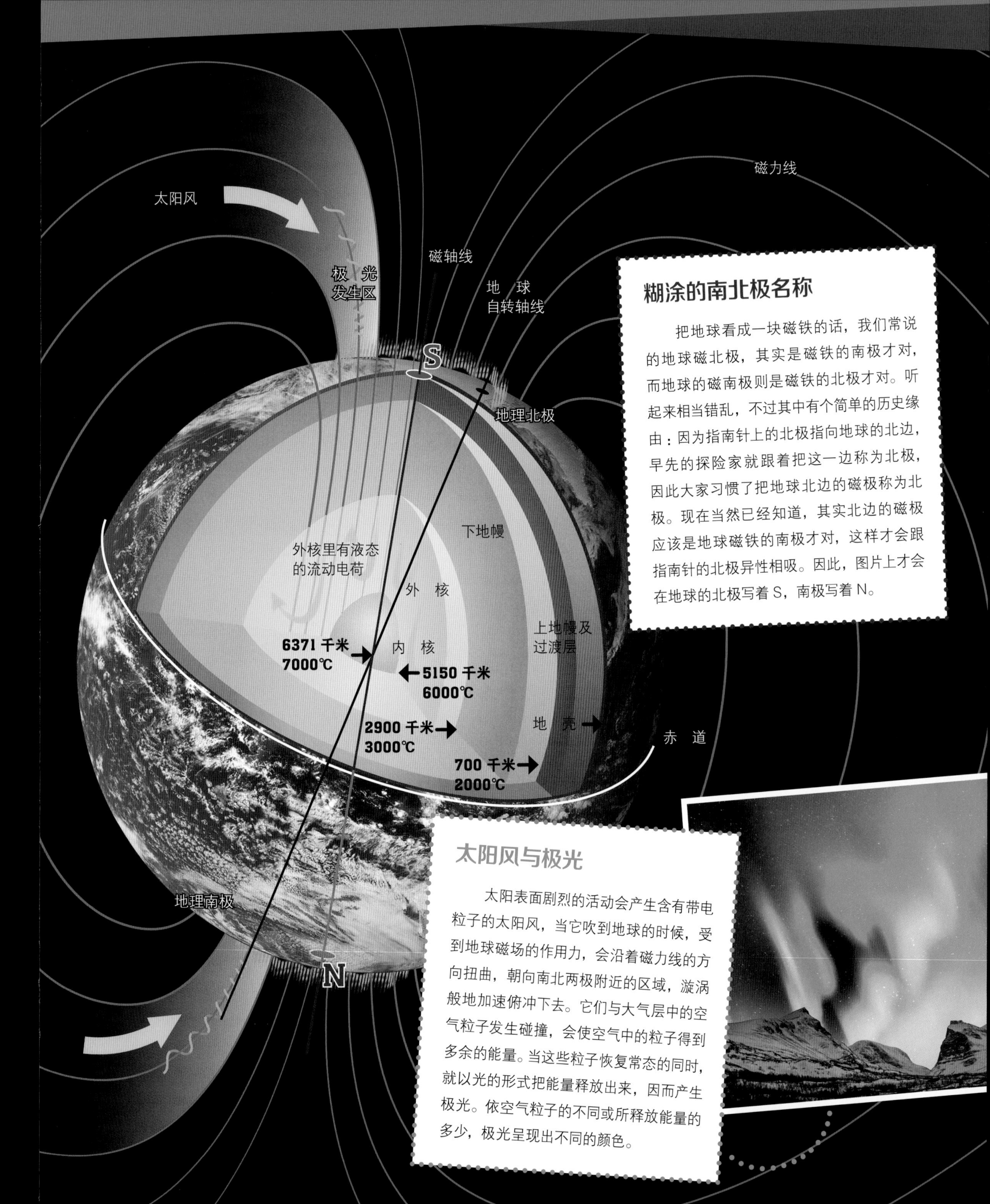

糊涂的南北极名称

把地球看成一块磁铁的话，我们常说的地球磁北极，其实是磁铁的南极才对，而地球的磁南极则是磁铁的北极才对。听起来相当错乱，不过其中有个简单的历史缘由：因为指南针上的北极指向地球的北边，早先的探险家就跟着把这一边称为北极，因此大家习惯了把地球北边的磁极称为北极。现在当然已经知道，其实北边的磁极应该是地球磁铁的南极才对，这样才会跟指南针的北极异性相吸。因此，图片上才会在地球的北极写着 S，南极写着 N。

太阳风与极光

太阳表面剧烈的活动会产生含有带电粒子的太阳风，当它吹到地球的时候，受到地球磁场的作用力，会沿着磁力线的方向扭曲，朝向南北两极附近的区域，漩涡般地加速俯冲下去。它们与大气层中的空气粒子发生碰撞，会使空气中的粒子得到多余的能量。当这些粒子恢复常态的同时，就以光的形式把能量释放出来，因而产生极光。依空气粒子的不同或所释放能量的多少，极光呈现出不同的颜色。

家里的电源

在家里的时候，你有没有算过客厅或每个房间各有多少插座呢？这些就是电压源。在插座上，你会插上烤面包机、电风扇，或是台灯的插头，你的手机或数码相机需要充电的时候，也会插在那里。

电器耗电多少？

整个欧洲的家庭用电电压大多是 230 伏特，而中国大陆则是 220 伏特。每样电器上面所标示的数字有时会相当悬殊，例如省电灯泡上面所标示的耗电功率可能是 10 Watt（瓦特，简称瓦），烤面包机上则可能看到 1000 Watt（瓦特）。以“Watt”或“瓦特”这个单位所计算的数字，称为“功率”，用来表示电器消耗电能的速度，计算方法是将电压乘以电流。

既然插座上的电压是固定的，如果电器的功率各不相同，那就表示流过电器的电流大小不同，例如，相比于一盏台灯，通过烤面包机的电流更多。但是在电器里用掉这些电流、电压的，到底是什么呢？答案大家应该不会太陌生，就是电阻。电器里面一定会有电阻，这样它才会做事情。例如在烤面包机里的电热丝就是电阻，当电子要流过这些电热丝的时候，会遭遇到阻力，所以会在电热丝里跌跌撞撞而发热，所发出来的热量就用来把面包烤得又香又脆。比起瓦特数较低的电器，瓦特数较高的电器在一个小时内，会通过比较多的电流。

物理学家使用的符号：

名称：	符号：	量测单位：	单位的符号：
电流	I	安培	A
电压	U	伏特	V
功率	P	瓦特	W
电阻	R	欧姆	Ω
能量	E	焦耳	J

各种数值之间的相互关系：

电功率等于电流乘以电压： $P = I \times U$

电阻等于电压除以电流： $R = U / I$

➜ 这就是欧姆定律——是以德国物理学家乔治·西蒙·欧姆而命名的。

能量等于功率乘以时间： $E = P \times t$

能量也等于电流乘以电压再乘以时间： $E = I \times U \times t$

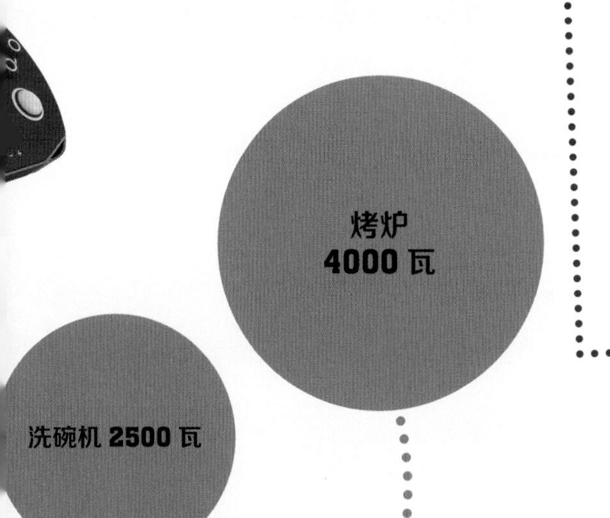

电到底有多危险?

电流虽然很有用，但是也相当危险，因此要非常小心，绝对不要用手指头同时碰触插头两端的金属片，插座也一样！

当身体泡在水中的时候，绝对不要使用电器。例如，如果你泡在浴缸里，身体介于电器和水之间的话，身体就会成为电流的通路！

也不要把电池的两极直接用一条电线连接起来，这种情形被称为电器“短路”！

不要使用破损的电器或电线，因为只要碰触到裸露出来的金属部分，随时都有触电的可能！

特别要注意的是电流量，因为就算是很小的电流，也是极端危险的。想要降低电流，欧姆定律是个好帮手：对人体较不危险的电流，只有两种情形，一种是电压非常低，另一种是电流非常小。

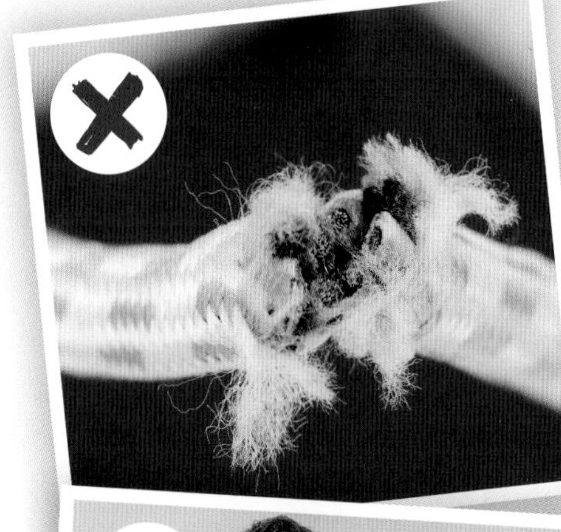

发电厂里

电流是在发电厂里产生的，例如火力发电厂、核能发电厂、生物质能发电厂、地热发电厂、水力发电厂、风力发电厂、太阳热能发电厂，还有屋顶上的光生伏特（俗称“太阳能板”）发电设备。但是到底电流是如何产生出来的呢？

电流如何产生？

电流不能无中生有，它是能量的一种形式，也就是电能。我们可以把能量由一种形式转换到另一种形式，有些类型的发电厂是把热能转换为电能，水力发电厂和风力发电厂则是把动能转换为电能。我们一般所说的太阳能板是利用光生伏特效应，把太阳光的能量转换为电能。

那些利用热能的发电厂，例如燃烧煤炭或利用生物沼气的发电厂，则是利用储存在这些东西里的化学能先行燃烧，产生热能；接着用这些热能来把水加热，能量就转移到水蒸气；再用这些水蒸气来推动涡轮，让它转动。另外，风力发电机是利用风吹的力量，使叶片转动，带动发电机，把动能转换为电能。

所谓发电机，基本上就像我们安装在自行车轮胎旁边的装置，当需要自行车灯亮的时候，就把开关按下，让这个装置的转动部分紧靠着轮胎边缘，被车轮带着转动从而发电，车灯就亮了。

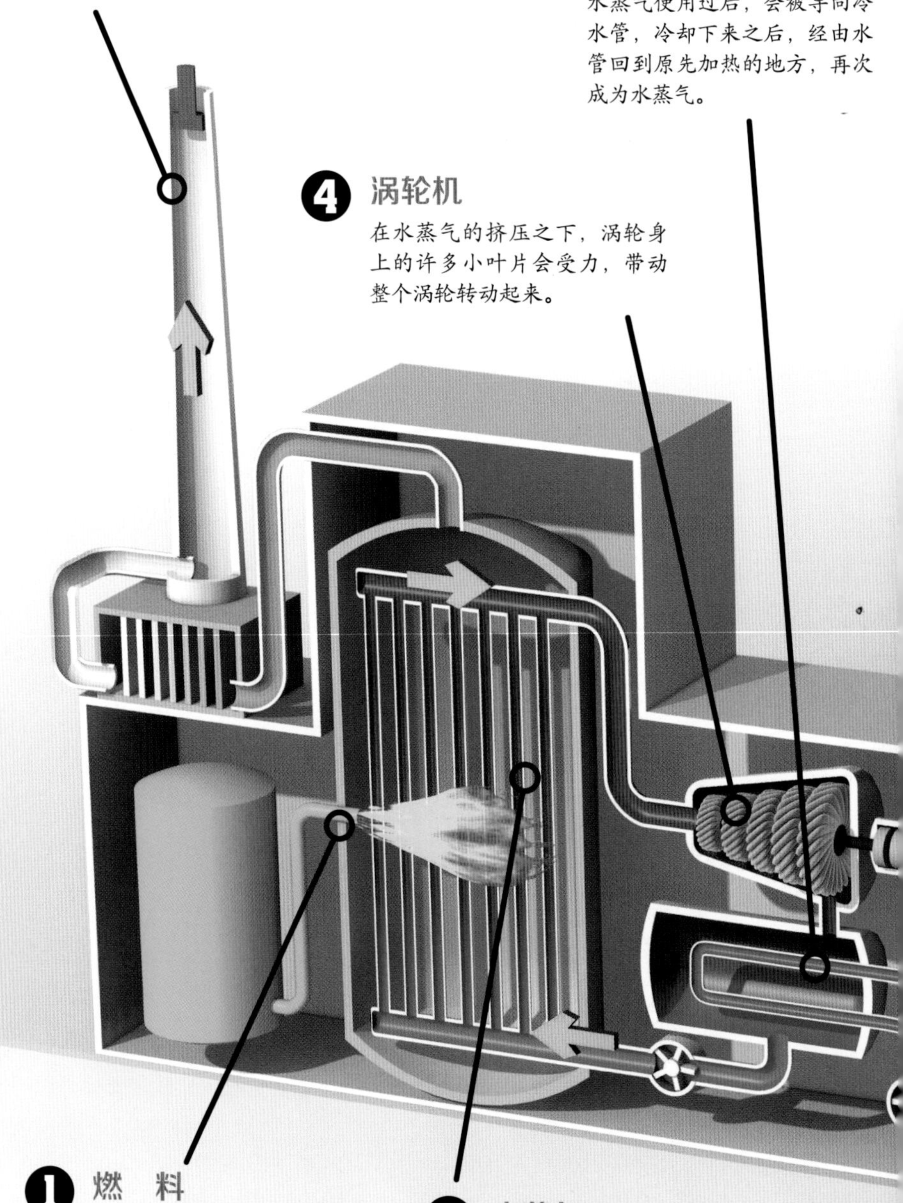

❶ 燃　料

煤炭或木材等燃料燃烧时，会产生热能，可以用来加热其他物质。

❷ 水蒸气

热能把水加热，水得到能量，温度升高，产生水蒸气。

❸ 废　气

不管什么东西燃烧都会产生烟与灰尘。有害的烟尘在排出之前，必须先过滤，剩下较为干净的废气再经由烟囱排放出去。

❹ 涡轮机

在水蒸气的挤压之下，涡轮身上的许多小叶片会受力，带动整个涡轮转动起来。

❼ 冷凝槽

水蒸气使用过后，会被导向冷水管，冷却下来之后，经由水管回到原先加热的地方，再次成为水蒸气。

浓密的白色烟雾由冷却塔冒出，在几千米远的地方就看得见。

5 发电机

涡轮转动时所产生的动能，由发电机转换为电能，也就是电流。

6 变压器

最后还要让所产生的电流通过变压器，把电压升高，这样可以让电力更适合传输到更远的地方。这种高电压的电力传输线，常称为“高压线”。先行升高电压，是为了减少电力传输过程中的损耗，因为电力远距离传输的时候，电能会转换为热能而流失。

发电厂里的发电机也是运用同样的原理，只不过其特别巨大，而且转动的部分是磁铁。磁铁的四周缠绕着线圈，当磁铁转动的时候，这些线圈就感受到磁场的变化，而根据电磁感应的原理，就在线圈里感应出电场，继而产生电流。

用过一次的水蒸气还有很高的温度，无论是水蒸气还是热水，都还可以继续用来取暖。例如地板暖气，就是用导管输送到屋子里的暖气设备。这类既可以发电，又可以提供远距热能的发电厂，称为“汽电共生”系统。这种发电厂比较具有环保效益，因为它所浪费掉的能源相对较少。

8 冷却塔

冷水管从附近的河流中汲取新鲜的冷水，这些冷水加热成为水蒸气，用来发电之后，温度还是很高，所以不直接排放回河流，而是储存在冷却槽里，让它们自然蒸发。在冷却塔上方常会看到浓厚的白色云雾，那其实是很细微的小水滴。

电也绿化了

对大自然造成巨大负担的，不只是汽车所排放的废气，许多发电厂也会把有害物质排放到空气中。我们现在所面对的最严峻的环保问题是气候暖化，这主要肇因于燃烧大量的石油及煤炭所排放出来的二氧化碳。二氧化碳，化学式是 CO_2，原本也不是什么不好的东西，它一直都存在于我们所呼吸的空气当中，而且是我们得以居住在这个星球上的重要条件。二氧化碳具有很重要的保温作用，因为它，才使得太阳照射到地球上的热量不至于马上就流失到太空中。但是如果二氧化碳的含量太高，我们这个星球就会太热，使得冰川以及南北极的冰层融化，也会使得有些区域雨下得太多，洪水泛滥，另一些区域则降雨太少，导致可怕的干旱，难以耕作，严重的话还会导致动植物的灭绝。

很遗憾，这些问题都要归咎我们自己，也就是我们的汽车等交通工具，以及火力发电厂所排放出来的二氧化碳。

什么是绿电能？

正因为如此，许多人正在想办法，让我们所用的电力变得“绿”一点。“绿”一点是什么意思呢？这当然不是指颜色，因为电能根本就没有颜色，它的意思是对我们周遭的环境友善一点，尽可能使用不会释放太多二氧化碳的电力来源。这种电力来源就称为“绿电能”。绿电

你知道吗？

在德国，若签订了绿电能合约，那么虽然家里用的电跟邻居一模一样，但是他所签订的绿电能电量，保证一定会由电力网的某处绿能源馈入，无论这个绿电能源位于什么地方皆可共享。如此一来，若所有家庭及公司都签了绿电能合约，那就意味着火力发电厂和核能发电厂都可能要关门！

最重要的几种再生能源是：

水力发电

储存在高处水坝里的水具有位能，当这些水往下冲的时候，位能会转换为动能，推动涡轮机。这个转动的涡轮机再带动发电机，从而产生电流。另外，在海里流动的波浪也具有发电的能力。

风力发电

平原和海边常常吹着强劲的风，就像水蒸气推动涡轮的叶片一样，这些风也可以用来推动风力发电机上的叶片，从而带动发电机，使它发电。这些发电机往往装设在叶片后面称为“吊舱”的高处。

能之所以重要的另一个原因是，我们现在用来发电的煤炭、石油，以及核能电厂的铀矿，在地球上都是有限的资源，总有一天会用光。相较之下，绿电能是几乎可以无限再生的资源，是一种在自然界中可反复循环、再度利用的能量来源，所以也称为“再生能源”。

从传统的能源转换到再生能源的过程，称为“能源过渡期”。

德国的绿电能

在德国，绿电能的使用量逐年增加，至 2012 年，有 23% 的电能是来自再生能源。除了电能之外，使用的能量还有热能（家用暖气设备），以及交通工具的燃料（汽车和飞机），然而在这方面，绿能所占的比率明显少得多，这就是为什么至 2012 年止，德国的能源消耗总量中，只有大约 12% 是来自再生能源。

23% 的再生能源听起来或许不觉得多，但也已经是 10 年前的 3 倍多。德国政府还计划继续提高这个比例，目标是到 2020 年时，所用的电能里要有 35% 是来自再生能源，预期到了 2050 年时至少要达 80%！

生物质能源

所谓“生物质能源”，就是当我们燃烧木材或其他生物垃圾所得到的能源。不过生物质能源也可由牛粪所产生的生物沼气而得到。沼气可经燃烧而产生热能，借由热能将水变成水蒸气，再由水蒸气推动发电厂里的涡轮机发电。

地 热

地球内部的温度非常高，我们脚下几千米深的地方，就明显比地面上热得多。这种地热能可以用传统的方式发电，也可以输送到家中，供给家庭作为取暖之用。

太阳能

无论是运用大型的太阳热能发电设备，还是太阳能板（光生伏特）发电设备，两者都是把太阳光所携带的光能转换为电能。太阳热能发电厂装设了巨大的镜面，用来集中太阳的光线，把水加热以产生水蒸气来发电，这个发电原理就像传统的火力发电一样。太阳能板发电设备的发电方式，则是借由半导体材料，经由吸留光的能量来转化为电能。

从发电厂到家里

未来的电线杆可能长得像这样。这是在一项设计竞赛中脱颖而出的造型。

以德国为例，错综复杂的高压电线到处都是，不仅如此，这些电线还穿越了德国边境，直入邻近的国家，和它们的电力网连接在一起。这个所谓的“联合电力网”扩及整个欧洲，是欧洲各国电力公司的合作方式。这么做会使得整个欧洲的电力输送简单得多，人们只需随时注意用掉多少电，就馈入电力网多少电，不多也不少，多出来了也没有用，因为高压电线只能够输送电力，并不会储存电能。

高压电线如何输送电力?

高压电线这个字眼可不是浪得虚名。在中国大陆，我们家里用的电通常只有 220 伏特，但是高压电线的电压则高达 23 万伏特，甚至达 40 万伏特。使用高的电压有它的理由，这样可以降低电流在传输过程中的损耗。变压器则是一种用来转换电压的设备，它负责把发电厂里所发的电提升为高电压，到了我们家附近，再把高电压降至家用的电压。由于变压器只能转换交流电的电压，所以比较适合用交流电来传送电力。高压电力网具有以下两个重要的特征：

1）电能传输的时候，电压愈高，电力的损失就愈小。

2）只有交流电才可以使用变压器来转换电压的高低。

这就是为什么到处都会看到高压电线，以及为什么在家里用的电都是交流电的原因。

小鸟如果只停在高压电线的其中一条上，其实并不危险，不过要是它的身体同时横跨两条电线，形成回路的话，那麻烦就大了……致命的电流将会流过它的身体。

在高压电线杆上工作的人必须穿着特制的防护工作服，使用绝缘良好的工具，而且他们不可以有恐高症。

在高压电线里流动的是交流电。

知识加油站

就算采用高电压来输配电力，也无法完全避免损耗，所以电力并不能无远弗届地向远方传送。例如 40 万伏特的高压电线，只适用于距离 400 千米的范围内，正因为如此，欧洲所有的发电厂也必须均匀分布于各处。

直流电与交流电

电流就是带电粒子的流动现象，依其流动的方式可以分为两大类：一种叫直流电，另一种叫交流电。直流电压具有固定的正极与负极，因此电线里的电子永远都是由其中的一极，朝固定的方向，流向另一极，一直循环下去。

交流电的情况就很不一样，两端的电压随时都在改变极性，没有固定的正极与负极，变化的速度相当快。在家用电器里，电子流动的方向每秒钟会改变 100 到 120 次；换句话说，周而复始，每秒钟是 50 到 60 次。每秒往返算一次，物理学家把这个单位取名为“赫兹”。

在中国大陆，一般的家用电力是 220 伏特、50 赫兹，所以电子在电线里，只是来来去去地摇晃着，每秒钟都要掉头 100 次。虽然如此，它们仍然带来非常大的便利，对于电灯泡来讲，它根本不在乎电子是朝哪个方向跑，只要是在不停地跑，灯丝就会发热、发光。

不可思议！

直到 2009 年，赫尔戈兰岛（Helgoland）才加入欧洲的联合电力网，用来连接这个岛屿与大陆的是一条海底电缆。在此之前，岛上居民及观光客所需的电力是来自两个柴油发电机。

直流电与交流电的争战

在 1870 年代，当英国人斯旺和美国人爱迪生正在如火如荼研发白炽灯泡的时候，他们显然都需要电，而且最好是在家里就唾手可得。爱迪生意识到了这个商机，所以他的公司同时也在研发直流的水力发电机。如此一来，他就可以在卖灯泡的同时，也卖发电机供灯泡使用。

为什么交流电成为主流?

可惜爱迪生把赌注下在了直流电上。就一般家庭所使用的家用电压而言，直流电传输的范围是很有限的——想要传送到很远的地方，会有大量的损耗。在爱迪生看来，解决这个问题的唯一办法是，每几千米就盖一个发电厂。

当时有个很有天分的电机工程师、发明家尼古拉·特斯拉，曾经建议爱迪生不要用直流电，要用交流电，却受到爱迪生的冷嘲热讽。不过这个使用交流电的主意，却受到另一个人的青睐，那就是乔治·威斯汀豪斯，这个人拥有西屋电气公司。由于交流电的优势，威斯汀豪斯和特斯拉占了上风：因为交流电很容易用变压器把电压升高，而高压电在传输的途中比较不容易损耗，可以传送至很远的距离。除此之外，比起直流电，传送交流电所需的电线要细得多。

当时，爱迪生、威斯汀豪斯、特斯拉三个人都心里有数，他们都知道，在电力传输的方法上，到最后只有一种会胜出而普遍化，因为毕竟没有人会想要在家里同时拥有交流电和直流电，而且还得付两种电费，交、直流电战争的序幕就此揭开。当威斯汀豪斯和特斯拉以他们的逻辑论述据理力争的时候，爱迪生也有他自己的说法：他企图让大部分人对交流电心生恐惧，一直主张交流电远比直流电来得危险，甚至会有生命危险！爱迪生甚至祭出“烂招”：他在公开场合上，用交流电电死流浪猫、流浪狗，就是为了说服大家交流电有多危险。

但是这种公开作秀的方式，并没有什么效果，人类的理智终究很快地取得胜利。威斯汀豪斯和特斯拉在这一回合最后打败了爱迪生。1890 年代，威斯汀豪斯取得在尼亚加拉瀑布建造一座水力发电厂的合约，经此一役，交流电胜出，被广为接受。从那时开始直到今天，家家户户使用的都是交流电。

据说，爱迪生后来相当懊悔当初没有听从特斯拉的话，他本来是有机会回心转意的。

图片中的爱迪生正在展示他的第一台直流发电机。他用这台发电机来点亮他所设计的灯泡。

物理学家凯尔文勋爵（中间）到威斯汀豪斯（左）那里参观之后，也对交流电所具有的优势深信不疑。

知识加油站

交流电和直流电哪个危险?

在电流强度相同的情况下，对人类和动物而言，交流电比直流电危险，但是这只限于低电压的情形，也就是一般家用电器的电压。电压很高的时候，情况刚好相反，直流电比交流电危险。总而言之，最简单的答案应该这样说：就常见的电压和电流而言，无论是交流电还是直流电，都会电死人!

电流的通道

水流是水的流动现象，电流是电荷的流动现象。水流需要河床，电流也需要可以流动的管道与材料。不管是水流还是电流，有些流动的管道畅通无阻，有些则窒碍难行。

哪些东西可以传导电流？

有个让人诧异的事实是，不管什么材料，只要电压够高，它都可以导电！极高的电压甚至于可以流过空气，我们在暴风雨中所看到的闪电，就是电流流过空气的例子。

当然，基本上，用来导电的材料也有好坏之分，根据这种性质，我们还可以把不同的材料依照导电能力的优劣，区分为导体、半导体以及绝缘体，而金属类的材料通常都是很好的导体。

你知道吗？

银，是金属当中最容易导电的！但是电线里用的材料是铜。铜的导电效果仅次于银，位居第二，而且比银来得便宜。

金　属

在日常生活当中，我们所认识的金属有金、银、铜、铁、铝，林林总总。它们都很容易导电，其中有些导电能力特别好，这是因为在每个金属原子当中，总会有几个电子特别喜欢到处乱跑，容易走丢。这些电子很容易受到电压的诱导，离开原来的原子，跑到隔壁的原子家里去。电子这种流浪的行径，就成为电流。

绝缘体

很不容易导电的材料，称为非导体，又叫作绝缘体，空气就是很常见的绝缘体，此外还有玻璃、陶瓷、橡胶、塑料、琥珀。绝缘体里的电子跟原子核很稳定地结合在一起，很不容易离家出走。想要把它们赶出家门，需要极高的电压，唯有如此，才能够使它们成为自由的电子形成电流。在正式的定义上，水被认为是一种绝缘体，可是在实际中，这种情形其实很少见，因为纯粹的水通常只有实验室才有。一般的水是不纯的，这使得它相当容易导电。

半导体

顾名思义，半导体的导电能力介于导体和绝缘体之间。在很低的温度下，它们就像绝缘体那样，根本不导电。但是随着温度的升高，电子就蠢蠢欲动，变得比较容易离开各自所属的原子，也使得电流更容易传递过去。半导体这种非常特殊的导电特性，运用于许多科技领域，例如太阳能电池，或是俗称的太阳能板，就是利用太阳光线产生自由的电子，进而得到电流。

小心触电！

水，虽然不是金属，但是比起其他的绝缘体，还是相当容易导电的。由于人的身体里面含有大量的水分，我们必须谨记，手指头要远离插座之类的东西！电流很容易流过我们的身体，通常都很危险。

从最微观的原子层面来看，不同的材料会有不同的导电特性，这件事并不难理解。宏观而言，也就是从外部观察一种材料，则可以测量它们各自的导电能力，或是反过来测量它们对于电的阻力，即所谓的电阻。我们已经学过了，电阻就是电压的强度除以电流的强度。每种材料都有它自己的电阻特性，同一种材料的电阻也会因形状、尺寸而改变，例如一段铜线加长一倍，电阻也会提高为两倍。电阻愈小，就愈容易导电，我们就说它是个好的导体。

电流有多快？

我们轻轻一碰电灯的开关，都还来不及转头，电灯就亮了。电流从开关跑到电灯去，难道都不需要时间吗？当然需要。电流跑的速度不是无限快，但还是难以想象地快，几乎跟光一样。

难道说，电子在电线里真的可以跑那么快吗？不是的，刚好相反，在一般的铜线里，电子移动 10 厘米，需要整整一个小时的时间。电流的速度远远高于电子的速度，这是由于电线里到处都是电子，而且每个电子总是会撞到旁边的电子——就像“牛顿摆”，很多弹珠紧靠在一起排成一直线，从其中一端碰击一下，另一端就会立刻弹出一颗弹珠，但是中间的弹珠几乎都没有动——电流的传递也像力量的传递那样由开关传到电灯，并不是个别的电子从开关一直跑到电灯。

管子里装满紧靠在一起的弹珠。借由它们，可以解释电子是怎么传递电流的。自己动手做个实验，或是找个牛顿摆来试试看，就知道了！

怎么停电了？

圣诞夜里，一如往常，诺曼一家大小团聚在一起，客厅里摆了一棵圣诞树。跟以往不同的是，今年树上的装饰灯不再是蜡烛，而是用一条长长的电线串起来的许多LED灯，上面闪烁着黄白光。厨房里的烤箱还烤着最后一盘圣诞饼干。客厅里坐着保罗、马迪亚斯，正喝着香喷喷、热乎乎的水果茶。旁边的收音机传出熟悉的圣诞歌曲，这些歌已经听了一整个月，渐渐也听腻了。

这时突然一片漆黑，伸手不见五指，连音响上面的红色小LED灯都没有了。整个屋子鸦雀无声，收音机停了，刚才浴室里妈妈的吹风机声音也停下来了。“那不是我！”厨房里传出爸爸的声音，他正准备把烤箱里的饼干拿出来，现在嘴巴里念念有词，嘀咕着在黑暗中一不小心被烤盘烫到了。

为什么有时候会停电？

由于家里有那么多的东西都需要用电，我们偶尔也应该想想停电时的景象。

停电的原因有很多种可能。要是只有一个电灯突然熄灭，那很可能只是灯泡坏了。要是整个房间里所有的电器都停摆，那么大概是这个房间的保险开关跳开了——如果是这种情形，可能是因为在同一时间内，使用太多电器，消耗太多的电流；也可能是其中一个电器损坏，造成短路，使得这个房间的保险开关跳闸。

要是整个屋子都一片漆黑，鸦雀无声，那么想必是连总电源的保险开关都跳开了。想要知道答案，可以查看屋子里或室外墙壁上的配电箱。配电箱通常都是金属门，安装在小孩子够不到的高度。如果真的是配电箱里

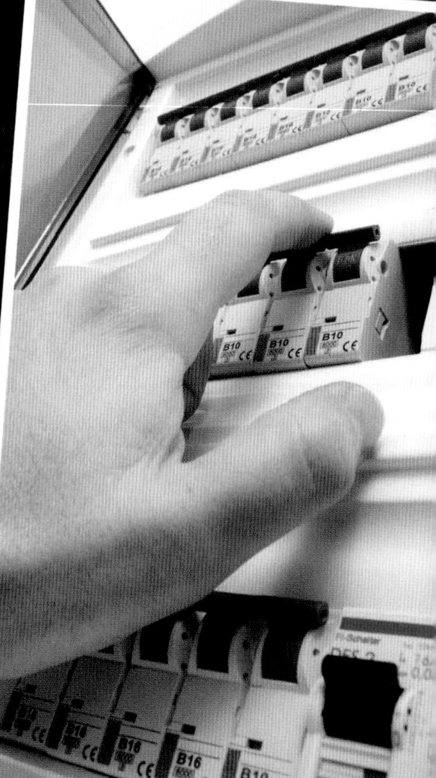

配电箱里有许多保护开关、安全开关，有时还会有电表。电表是用来测量家里使用的总电量。

的保险开关跳开了，就表示屋子里所使用的电流量太高，或是其中有个电器坏掉，造成短路。这种情况还值得庆幸，因为要是连总开关也不正常，没有及时断电，那么由于电流太大，很可能会使电线走火，引起火灾。

从前，配电箱里用的是保险丝，就像许多电器里也看得到的一根小小的透明玻璃管。保险丝的作用是，当流过的电流太多的时候，就会发热熔化而断电，这是为了提醒使用者，使用的电流超过配电的设计，是个危险的行为。现在的保险丝大多已经更换为无熔丝的安全开关，优点是不用更换烧坏的保险丝，只要先检查家里所有的电器，找出问题，做好准备之后，重新打开开关就可以了。所以停电了，有时候并不是坏事，而是家里的保险开关正在帮我们找到问题，救我们一命。

不过要是整个社区，甚至于整座城市都没电呢？这可能就跟电力公司的电力网有关系了，例如有些地方正在施工，一不小心就把电力线弄断了，也可能是路上的电线或变压器烧坏了。由于家用的电是由很远的地方传送过来的，一路上只要发生地震、泥石流或其他天灾人祸，都可能导致大规模的停电。例如，中国台湾省在 1999 年 9·21 大地震之前，就发生过输电塔因为土壤流失而倾斜，导致发电厂跳机，进而发生全台湾的大停电。有时候，在恢复供电的过程中，也会因为分区限电而停电。在欧洲，这种现象比较少，因为散布各国的联合电力网很容易补足缺电问题。

诺曼家的情形很明显，因为邻居的灯都亮着，“那大概是我们的安全开关跳闸了。”妈妈湿着头发从浴室走出来，这样解释着。孩子们终于找到一根蜡烛和一支手电筒，一家四口到地下室找到配电箱。

他们很快地找到原因，拔掉烧坏的电器插头，收拾好之后，一家人放心地开始享用圣诞大餐，欢度佳节。

有时生命不能没有电

对大多数人来说，停电只是件讨厌的事情，但是对有些人来说，却攸关生死。例如在医院里的病人，他的人工呼吸装置是不能突然停电的，因此医院里都有所谓的紧急供电系统，大部分就像图片里的这种发电机，它是用柴油来发电的。这种发电机在夜市街头也看得到。

一杯电流，外带！

如果手电筒后面总是要拉着一条线，插在插座上，就太不方便了，那晚上要怎么出去夜游呢？还好我们所需要的电不是家里的插座才有，因为电也可以储存在电池里，只有这样，才可能在半路上使用电器产品。这种电池常称为“干电池”或“一次性电池”，意思是只能使用一次，电用完了就要回收，所以又叫“抛弃式电池”。但是还有一种电池，电用完了还可以再把电充满，叫作“可充电电池”或“二次电池”，汽车上使用的电池就是一种可以反复充电的电池。可充电电池常见于手机、数码相机及笔记本电脑中，有的看起来和一般不能充电的干电池很像。

电池如何蓄电？

电池里所储存的其实不是电能，而是化学能。换句话说，电池里面有一种物质，在需要的时候，随时可以产生化学反应，释放出电能。它的结构可分为三大部分：两块不同的金属，以及一种叫作“电解质”的东西。

其中一片金属具有特别容易释放出电子的特性，这就是电池的负极。反过来，另一片金属则喜欢接收电子，这就是正极。如此一来，电子就有了流动的方向和目标。但是它们却不能在电池内部循着较短的路线流动，因为电池内部有一层特殊的隔离膜。只有当电池用外部的线路接通的时候，电子才会开始流动，例如当我们把电池放入手电筒的电池盒里，把开关按下去的时候，电池的两极才会经过灯泡的灯丝，形成一个回路。

电池的内部有电解质填充在两个金属片四周，这种电解质通常是液态的，例如电池酸液。只有电解质里的带电原子（离子）才可以穿透隔离膜，这些离子会不断维持电池内部电荷的平衡。

这样一直下去，直到其中一个金属片把它所有可以释放的电子都给了另一个金属片，手电筒的灯泡就暗了下来。

你知道吗？

抛弃式电池与可充电电池所提供的是直流电压，所有适合随身携带的电器，用的都是这种电源，例如手电筒、手机、笔记本电脑。但是如何为这些用品充电？能不能把它们插在家里的插座上使用呢？这时候就需要俗称“变压器”的电源供应器了。这种“变压器”是个方形的小塑料盒，两端都有一条电线，它的作用是：把家中插座里的交流电转变为直流电，并调整为电器所需要的直流电压。

特殊的垃圾与资源回收

注意：无论是抛弃式电池还是可充电电池，用过之后，绝对不能混在一般垃圾里丢掉！电池里面所含的有毒化学物质会污染环境，因此有特殊的回收渠道，例如可以把它们送回厂商或便利商店，他们会把这些电池用比较特别的方法拆解，回收其中有用的部分，再次利用。

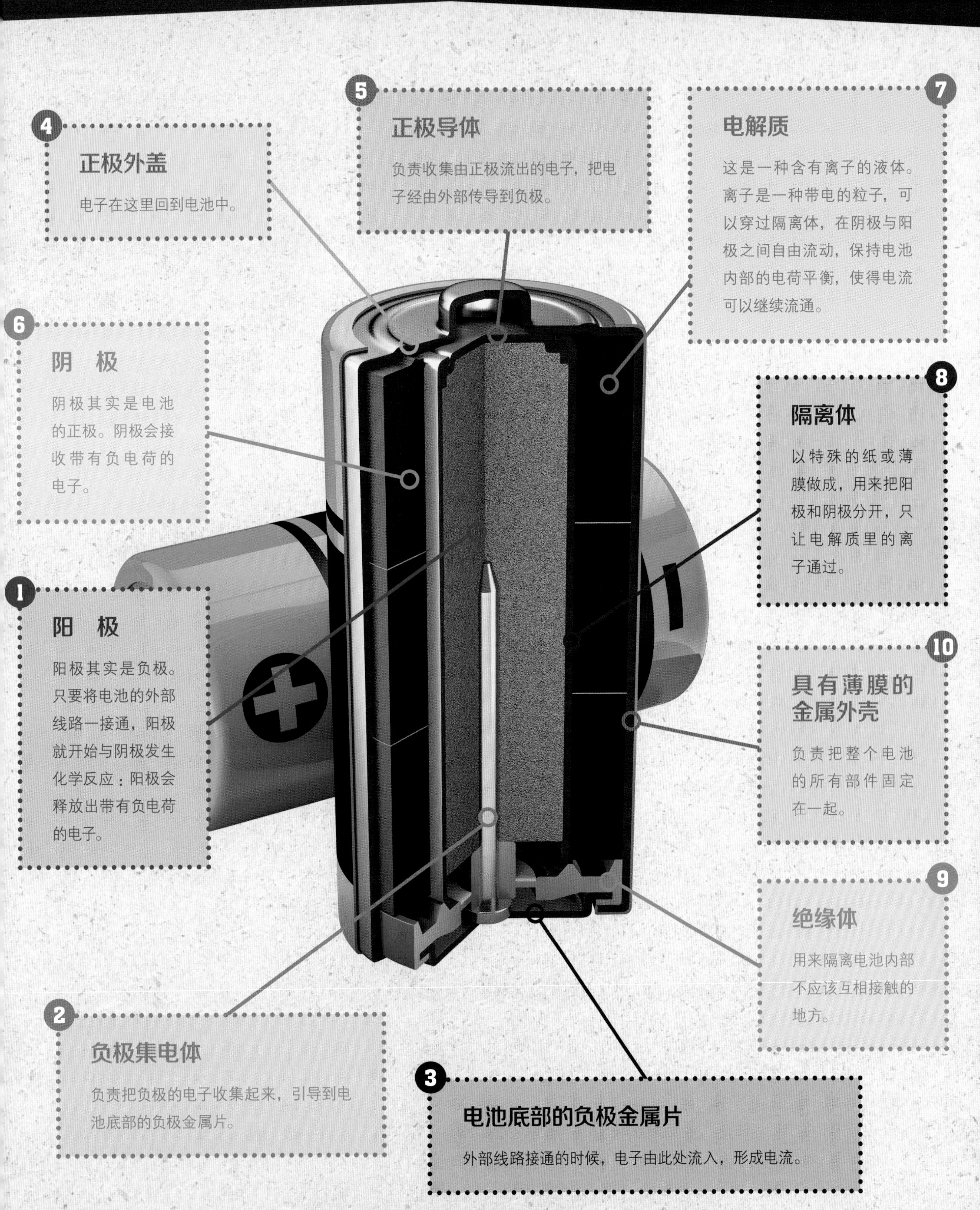

4
正极外盖
电子在这里回到电池中。
5
正极导体
负责收集由正极流出的电子，把电子经由外部传导到负极。
7
电解质
这是一种含有离子的液体。离子是一种带电的粒子，可以穿过隔离体，在阴极与阳极之间自由流动，保持电池内部的电荷平衡，使得电流可以继续流通。
6
阴 极
阴极其实是电池的正极。阴极会接收带有负电荷的电子。
8
隔离体
以特殊的纸或薄膜做成，用来把阳极和阴极分开，只让电解质里的离子通过。
1
阳 极
阳极其实是负极。只要将电池的外部线路一接通，阳极就开始与阴极发生化学反应：阳极会释放出带有负电荷的电子。
10
具有薄膜的金属外壳
负责把整个电池的所有部件固定在一起。
9
绝缘体
用来隔离电池内部不应该互相接触的地方。
2
负极集电体
负责把负极的电子收集起来，引导到电池底部的负极金属片。
3
电池底部的负极金属片
外部线路接通的时候，电子由此处流入，形成电流。

电流如何变成光？

白炽灯泡

白炽灯泡的玻璃球里，有一条很细的螺旋状小线圈，是以钨制作的灯丝，因此这种灯泡也称作钨丝灯泡。当灯泡通上电流的时候，灯丝就会发热、发光。因为灯丝具有电阻，又很细，当电流通过时，会受到很大的阻力。电子在灯丝里流动的时候，跌跌撞撞地摩擦，因而发热；当温度很高的时候，它就会发亮。为了不让灯丝在那么高的温度下很快被烧掉，人们会将灯泡里的空气抽出来，取而代之的是一种保护的惰性气体。常见的 60 瓦或 100 瓦的白炽灯泡，都会消耗很大的能量，关键就在这里。使用这种白炽灯泡的时候，只有 5% 的电能被转换为光，其他的 95% 全部都以热的形式散发掉。因此，这种东西实在不应该叫作“电灯”，应该称作“小电热器”才对。

➔ 纪录

3000℃

卤素灯泡里的灯丝有这么烫。

卤素灯泡

卤素灯泡是白炽灯泡的一种，用的也是钨丝，不同的是，灯泡里所填充的保护气体，是被称为“卤素”的气体。使用这种气体的好处是，可以让灯丝承受更高的温度。卤素灯泡比一般的白炽灯泡小得多，因为它必须使用特别耐热的玻璃材质。另一方面，这种灯泡在设计上故意让灯泡壁很热，以避免钨丝所蒸发出来的气体凝结在灯泡壁上，时间一久，就会起雾，朦胧不清。一般来说，卤素灯泡有 30 到 50 瓦的，相较于普通的钨丝灯泡，它的发光效率达到将近 10%，这也意味着，有 90% 的电能变成热能发散掉。钨丝灯泡因为发光效率低，浪费能源，逐渐被舍弃不用。欧洲最近也开始不准出售这种灯泡，但是卤素灯泡仍然允许被继续使用，不过也并不是非常经济节能。

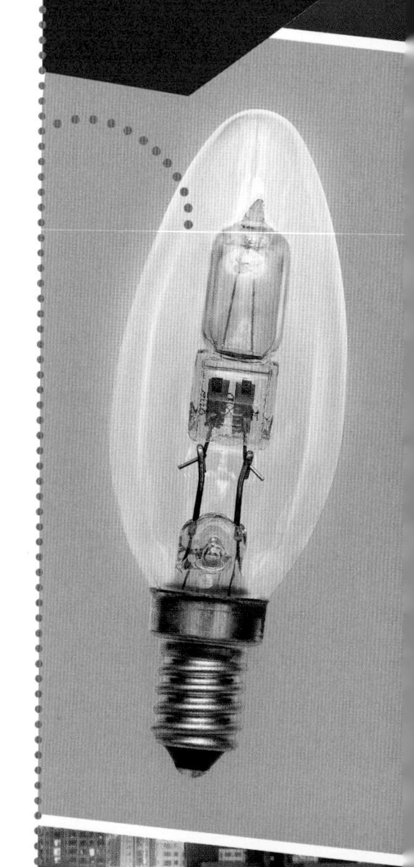

LED 灯泡

LED 是英文“Light Emitting Diode”的缩写，是“发光二极管”的意思。LED 可以直接把电流转换为光，其中的奥妙在于使用一种称为“半导体”的特殊材料。要是把合适的半导体两端加上电压，就会使得这种材料里的原子释放出一些电子。这些电子受到电能的刺激，会穿越半导体的接缝，到达另一端。它们会在另一端与那边的原子再度结合，释放出能量，而且是以光的形式释放出来！如果把许多 LED 一起安装在很像一般灯泡的壳子里，让它们一起发光，那么耗电的功率大约是 10 到 15 瓦。目前这种以 LED 做成的灯泡不能说便宜，但是由于不含有毒物质，而且使用寿命长，在未来必将带来巨大的收益。

有趣的事实

它一直亮到现在！

美国加州有一个灯泡，每天 24 小时都亮着，已经超过一个世纪！它就挂在美国西部城市利弗莫尔的 6 号消防站里。这颗灯泡旁边有一台网络摄影机，把它发光的实况转播给全世界的人看，现在已经用到第四台网络摄影机了——因为前 3 台都用坏了，它却还亮着。相较之下，现在所出售的灯泡，寿命大概是 1000 小时，但是利弗莫尔的这个灯泡，在 2016 年，寿命就达到现在灯泡的 1000 倍了，也就是 100 万小时！当初灯泡才刚问世不久，然而技术与质量真是叫人赞叹。

省电灯泡

省电灯泡其实就是一种紧紧缠绕在一起的荧光灯管，两者的发光原理相同：灯管里填充一种特殊的气体，在灯管两端通上电压，使得这种气体的原子放电而发光。但是这种光是眼睛看不见的紫外线（UV），也称为“黑光”。当这种看不见的光照射到某种特定的物质，这些物质会吸收这种光，再发出另一种看得见的光。省电灯泡就是利用这种原理，在灯管内壁涂满一种白色涂料（所以灯管是不透明的）。这种涂料称为发光剂，当它受到紫外线的照射时，就会发出明亮的白光。省电灯泡所消耗的电功率大约是 12 到 20 瓦，远比一般的白炽灯泡和卤素灯泡更省电，除此之外，寿命也明显较长。要是省电灯泡坏了，必须被视为特殊垃圾进行分类回收。

知识加油站

- 听过“E27”吗？我们常见的灯泡底端有个螺旋状的灯头，用来旋进灯座里，这种灯头的规格就叫作“E27”。前面的英文字母“E”是“爱迪生”（Edison）的缩写，因为这种安装灯泡的方式，是他在 100 多年前发明出来的，一直沿用到现在。后面的数字“27”，则代表灯头螺纹部分的直径是 27 毫米。

摸得到、听得见的电

静电把盐和胡椒粉分开

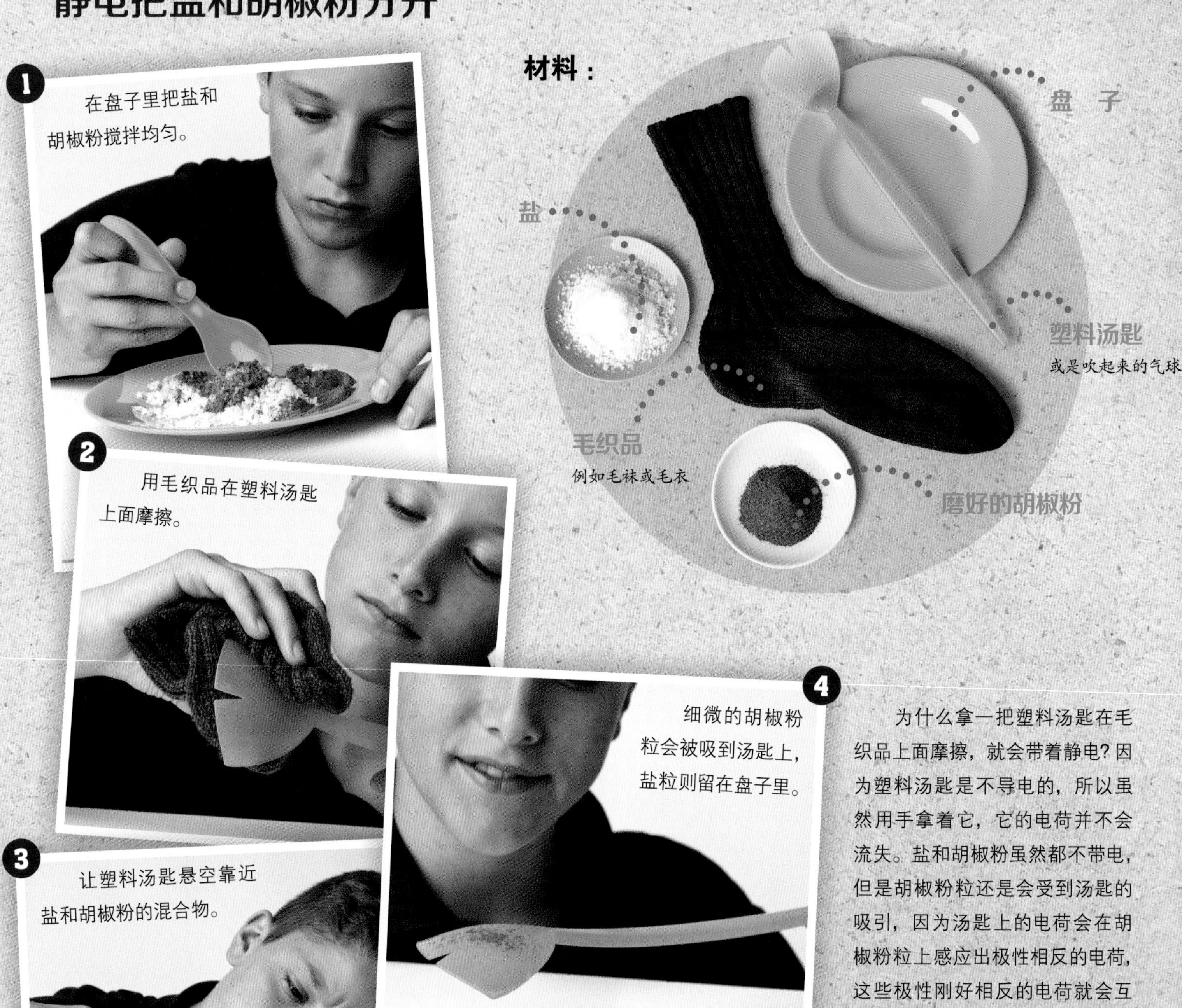

为什么拿一把塑料汤匙在毛织品上面摩擦，就会带着静电？因为塑料汤匙是不导电的，所以虽然用手拿着它，它的电荷并不会流失。盐和胡椒粉虽然都不带电，但是胡椒粉粒还是会受到汤匙的吸引，因为汤匙上的电荷会在胡椒粉粒上感应出极性相反的电荷，这些极性刚好相反的电荷就会互相吸引。盐却是不动，仍然留在盘子上——这是因为盐的颗粒比胡椒粉的颗粉重，吸引力还不足以让它抵抗地心引力飞上来。

电流：听听马铃薯的声音

1 把一块钱硬币嵌入马铃薯内，只让它露出一点点。

要是马铃薯太硬，嵌不进去，可以用刀子稍微切一下。

2 大约距离硬币1厘米的地方，把一根镀锌的铁钉插入马铃薯内。无论在马铃薯里面还是外面，两样东西尽可能彼此平行，不能互相接触，但是也不能距离太远，大致就像图里耳机插头金属部分那样的距离即可。

3 戴上耳机，观察一下耳机的插头。插头上面有三段分开的金属部分，以两个黑色的塑胶圈隔离开来，分别是左声道、右声道和地线。握着插头，让尖端部分的金属接触硬币，在这同时，让金属部分的第三节接触到钉子。这个时候会发生什么事情呢？在耳机的其中一边，你会听到一个奇怪的喀啦声。

注意！

实验用过的马铃薯，不要再拿来吃！

我们如何制作一个简易电池？用两种不一样的金属，铜（一块钱硬币）以及锌（镀锌的铁钉），作为这个电池的正负两极。马铃薯里面的液体扮演着电解质的角色。锌这种金属会把它的电子送给铜，所以电子会经过耳机插头，流过耳机里面的线圈，到达铜的那一端。当电流经过线圈时，会产生磁场，与耳机里的磁铁交互作用，推动耳机的喇叭膜，让你听到声音。

闪 电

刺眼的闪光，紧接着是震耳欲聋的雷鸣——电并不是人类的发明，而是在暴风雨中就可以听见、看见的。在快速的强风狂吹之下，云里面的正电荷与负电荷会相互分开，到最后，云层顶部的冰晶会带正电，云层底部的细微水滴会带负电。这时，云层底部与电中性的地表之间，会形成让人难以置信的极高电压，超过1亿伏特。如此一来，就连本来可说是绝缘体的空气，也抵挡不住这么高的电压，它会在瞬间成为导体：空气被离子化了。意思就是说，空气里的原子也会放弃自己的电子，这些电子会向下冲往地面，带正电的离子则往上冲向带负电的云层底部。

因此，闪电也是一种电流。电子同时也会受到吸引，朝着带正电的离子冲撞，当两者碰撞在一起，能量就以光的形式释放出来，所以我们会看见刺眼的闪光和树枝状的轨迹。闪电的温度高达3万摄氏度！这么高的温度会产生很大的压力，使空气向外推挤，形成真空，然后一下子填补回来，发生巨响，这就是造成雷鸣的原因。我们听到雷鸣会比较慢，是因为声音传播的速度比光的速度慢，到达我们耳朵的时间比较晚。

➜ 你知道吗？

我们远古的祖先本来都是吃生的食物，到了石器时代的某个时候，就不再吃生食了，而是用火烤了之后才吃。科学家认为，他们大概是在意外中得到了烤熟的东西，这或许就是闪电造成的。远古的人类后来才慢慢懂得用黄铁矿石和火石互相撞击，产生火花来取火。

闪电的时候该怎么办？

闪电的距离有多远，是很容易判断出来的，首先要注意，看到闪电的时间和听到雷响的时间差了几秒。光线几乎是立刻传到我们眼睛里，但是声音传播的速度则是约340米/秒，因此，看到闪电之后开始读秒，直到听到雷响，把这个秒数除以3，就可以知道闪电离我们大约多少千米。要是闪电到听到雷响之间的时间只有10秒钟或更短，那就有危险！特别是不在家里或不在汽车里的时候。因为家里有避雷针，而汽车具有法拉第笼的保护作用。那么如果在户外遭遇雷雨来袭，到底该怎么办呢？这里有几个规则：

1. 双脚并拢蹲下来，双手抱住膝盖，尽量使身体缩成一团。可能的话，最好待在低洼处，例如土坑或沟槽。

2. 与一些高耸的物体保持10米以上的距离，例如孤立的树木、树丛、森林的边缘、尖锐的岩石、铁塔、电线杆以及木屋。

3. 如果你正在骑自行车，应该马上下车，远离自行车几米以上，并寻找避难的地方。如果手上有雨伞或其他类似的金属物品，应立即抛弃，并远离它们。

4. 非常重要的是，要避开水！因为自然界中的水非常容易导电，也很容易让人遭到雷击。如果你正在游泳或划船，必须立刻结束活动，离开那个地方，因为在这个时候，你的身体成为水面上的突出物，很容易遭受雷击。

富兰克林与避雷针

雷电有十之八九都是发生在云和云之间，而不会打到地面来。但是只要有一个闪电打到地的话，就不得了了，它能够使房子燃烧，造成火灾；导致树木爆裂，以及人们的重大伤亡。因此，美国人本杰明·富兰克林在 1752 年发明了避雷针，他是第一个怀疑雷雨中的闪光会不会和电有关系的人。一开始，根本没有人相信他，因此他做了一连串非常危险，甚至可能危及性命的实验：他要在雷雨中放风筝，然后把闪电从天空中抓下来。至于他当初是否真的做出这么疯狂的举动，到今天已经无从查考。

但是不管怎么样，我们都要感谢富兰克林，要不是他，我们就不会家家户户都有一根避雷针。雷雨交加的时候，闪电会选择避雷针，而不是我们的房子。当闪电打中避雷针的时候，电流就会经过一条很粗的导线，被引导到电中性的地底。

法拉第和他的笼子

一个金属做的笼子也可以让我们避免雷电或其他电荷的伤害。当一个物体带电的时候，电荷的散布情形是相互远离且分布范围广泛。为什么会这样呢? 因为这些多余的电荷都是同一种电荷，而相同性质的电荷会互相排斥；又因为一个笼子外部的表面积总比内部的表面积来得大，所以电荷就会彼此排挤来到最外层，停在那里。当发生雷击的时候，人们可以安全地躲在金属笼里，甚至还可以去触摸笼子的内面，这种金属的屏蔽效果被称为“法拉第笼”，这个名字是来自首先发现这个原理的英国物理学家迈克尔·法拉第。

一切都是从琥珀开始的

电不是人类发明的。几千年来，人类一直在观察闪电，却始终无法理解这个现象，有一段很长的时间，大家都把闪电视为神对人类的惩罚。所以人类第一次发现雷雨中的闪光就是电，以至于到最后终于学会了驾驭电，自己发电，而且善于用电，这背后一定有个故事。

人类是什么时候发现电的?

大约在公元前 600 年的时候，古希腊有个城市叫米勒都，那里有个人叫泰勒斯，他留下这样的一段话：如果用毛皮在琥珀上摩擦，那么这块琥珀就能吸引细小的稻草碎屑。在现代，我们都知道，琥珀是一种绝缘体，可以用摩擦的方式来让它带有静电，然后它就会吸引电中性的东西。古希腊人虽然知道去观察这种静电，但是还不能解释这些现象。尽管如此，他们也为我们留下了很重要的东西，那就是“电”这个字。“电子”的英文写作“electron”，大部分印欧语言的“电”字也都跟这个写法很像，原因就是，它们都是承袭自希腊文。这个字的现代意义当然已经很不一样了，现在指的是，原子里很细微、带负电的粒子，但这是人类经过长久时间，才得到的理解……

从 17 世纪开始，人类对电的研究虽然缓慢，但是不曾间断过。大家注意到，带静电的物体有两种情况，一种是互相排斥，一种会互相吸引。我们现在的了解是，正负电会互相吸引，同样性质的电会互相排斥。后来很快就发现了，金属可以导电，但是木材、陶瓷和玻璃却不能导电。曾经有很长一段时间，电的主要用途是娱乐：人们建造一种机器，用一个可以手摇转动的轮子来摩擦收集静电，接着就可以用它来吸引头发，使人“怒发冲冠”，或者是用来发出电子火花，这可以说是人类第一次产生的微弱电子火光。

到了1752年，终于有个叫作富兰克林的人，看穿了闪电背后的把戏，发明出避雷针。再过 100 多年，斯旺和爱迪生才发明了第一个白炽灯泡。从这个时候开始，电对人类的用处才真正被发现。

生活在现代的我们，享尽了电所带来的舒适与便利，没有电的话，实在无法想象日子该怎么过。

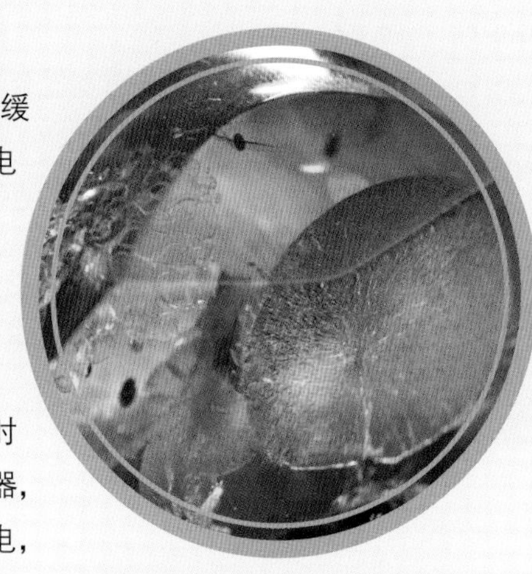

琥珀是好几百万年前由树脂形成的，是植物黏稠的液态分泌物。它们被埋藏在层层的沙石与岩石底下，渐渐凝固而变硬，在热力和压力的作用下，变质成为化石。

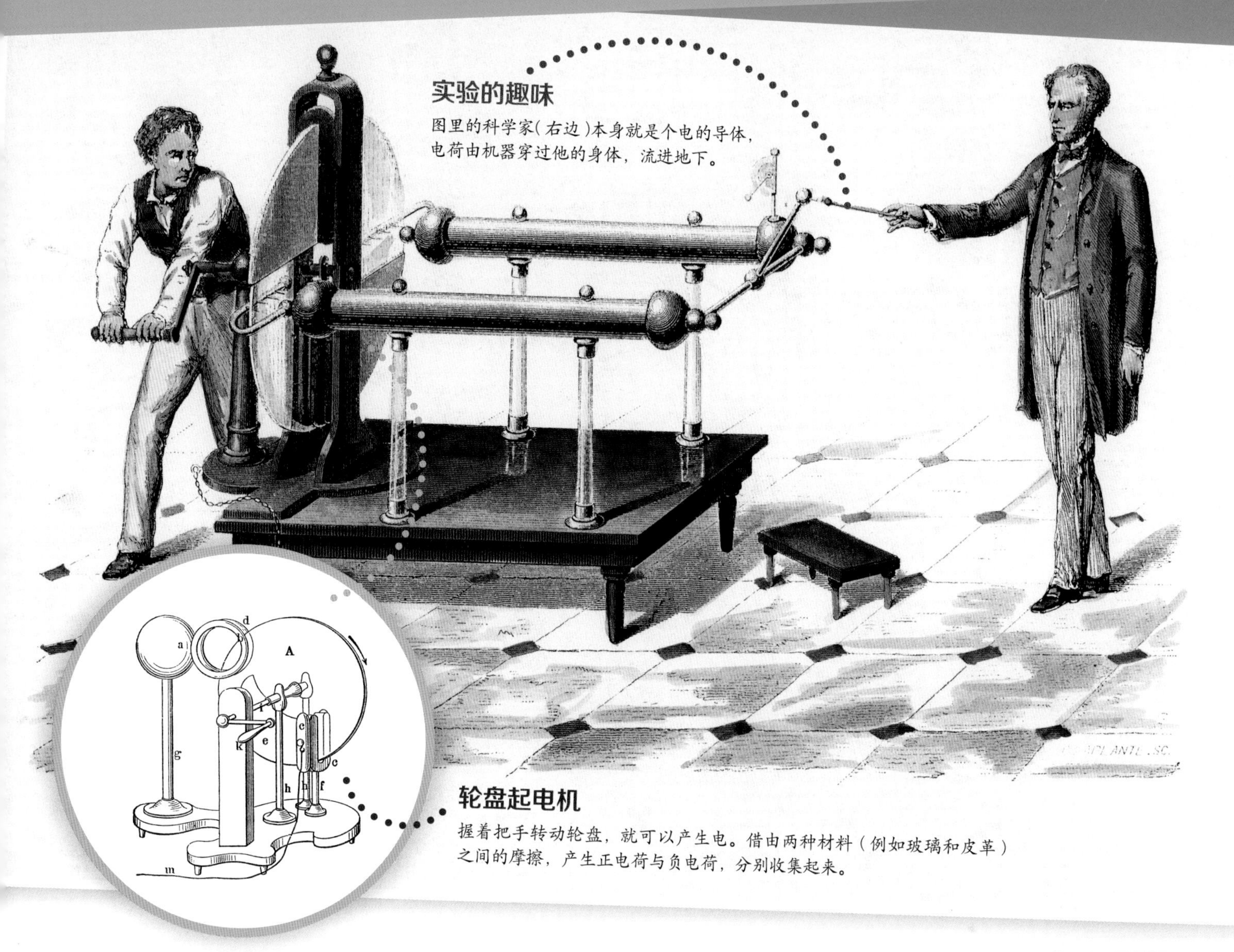

实验的趣味

图里的科学家（右边）本身就是个电的导体，电荷由机器穿过他的身体，流进地下。

轮盘起电机

握着把手转动轮盘，就可以产生电。借由两种材料（例如玻璃和皮革）之间的摩擦，产生正电荷与负电荷，分别收集起来。

密立根与基本电荷

自从古希腊人开始观察琥珀以来，“电子”这个词就普遍存在于所有与电有关的事物当中。然而真正的“电子”是无限微小、根本就看不见的基本粒子，我们又怎么对它们有那么清楚的了解呢？

有个人对这个问题有很大的贡献，那就是罗伯特·安德鲁·密立根，他在 1909 年想出油滴的实验。当油雾化成小油滴的时候，会因为摩擦而各自带有不同的电量。细小的油滴虽然受到地心引力的作用往下掉，不过借由电场，同时也可以对油滴施予往上的力量，从而达到平衡，飘浮在半空中。用这个方法，可以测定单一油滴的带电量有多少。密立根注意到，油滴所带的电量总是某个数字的整数倍，这个数字非常非常小——原来这就是电子所带的基本电量；换句话说，无论如何，再也没有更小的电量。基本电荷所带的电量就是 0.000 000 000 000 000 000 16 库仑。

满脑子的电

当我们用指尖碰触刚刚才割过的草皮，当柠檬的酸味直冲脑际，当鸟儿叽叽喳喳的叫声传到我们的耳里，当我们看见肥皂泡上美丽的彩虹——要知道这一切都要归功于我们的神经，是它们把我们所有的感官和大脑联结起来。当我们的手指头靠近刚割好的草皮，神经也参与其中，因为我们肌肉的每一个动作，都是经由神经而触发的。我们的大脑里还有更多的神经细胞，这些神经细胞也称为神经元，它们在大脑里错综复杂地互相联结在一起。

这到底是怎么回事呢？这些神经细胞如何传递讯息呢？

我们的大脑是电动的吗？

我们的神经细胞的确会导电，但是如果把它们简化为一堆电线的话，那就错了。大自然比我们想象中更具有创造力。

信号在身体内部传递，并非借由电子的流动，而是带有正电或负电的原子——也就是离子。有些原子，例如钠原子，很喜欢抛弃电子；其他原子，包括氯原子，则喜欢捕获多余的电子。钠原子和氯原子相处得非常融洽，要是碰在一起，就会紧密结合，形成氯化钠。氯化钠在每个厨房里都有，就是食盐。化学家还认识许多其他种类的“盐”，它们也都是像这样形成的。盐是维持生命的必需品，不过我们每天只需要一点点的量。每个神经细胞都具有细细长长的手臂，称为神经纤维。神经纤维上有许多小小的开口，这些孔隙可以让钠离子和钙离子进出。平常没事的时候，神经纤维外部相对于内部是正电压。

要是有信号需要传递，神经纤维一开始会打开几个孔隙，让这些孔隙周遭内部与外部的电荷达到平衡。这会惊动旁边的一些孔隙，使其也跟着做同样的动作，让自身周遭的离子进去，依此类推，就像骨牌那样，同样的活动沿着神经纤维一直传递下去。神经细胞就是用这个方法，把信息传递给其他的神经细胞，整个过程所需的时间还不到 1 秒钟！因此，当我们尝到一片柠檬，会马上就感觉到它是酸的。

大脑里的信息传递都要归功于这些神经纤维。那里面有几十亿个神经细胞都是以这种方式互相联结在一起的。它们交换信息，储存知识，处理所有感觉器官所传递进来的感觉，而且还要过滤掉比较不重要的信息。所有这些事情，随时随地，都同时在发生，这一切都是因为有电，也就是带电的原子。

纪录

400 千米 / 小时

我们的神经纤维就是以这种速度，快速地传递电信号。

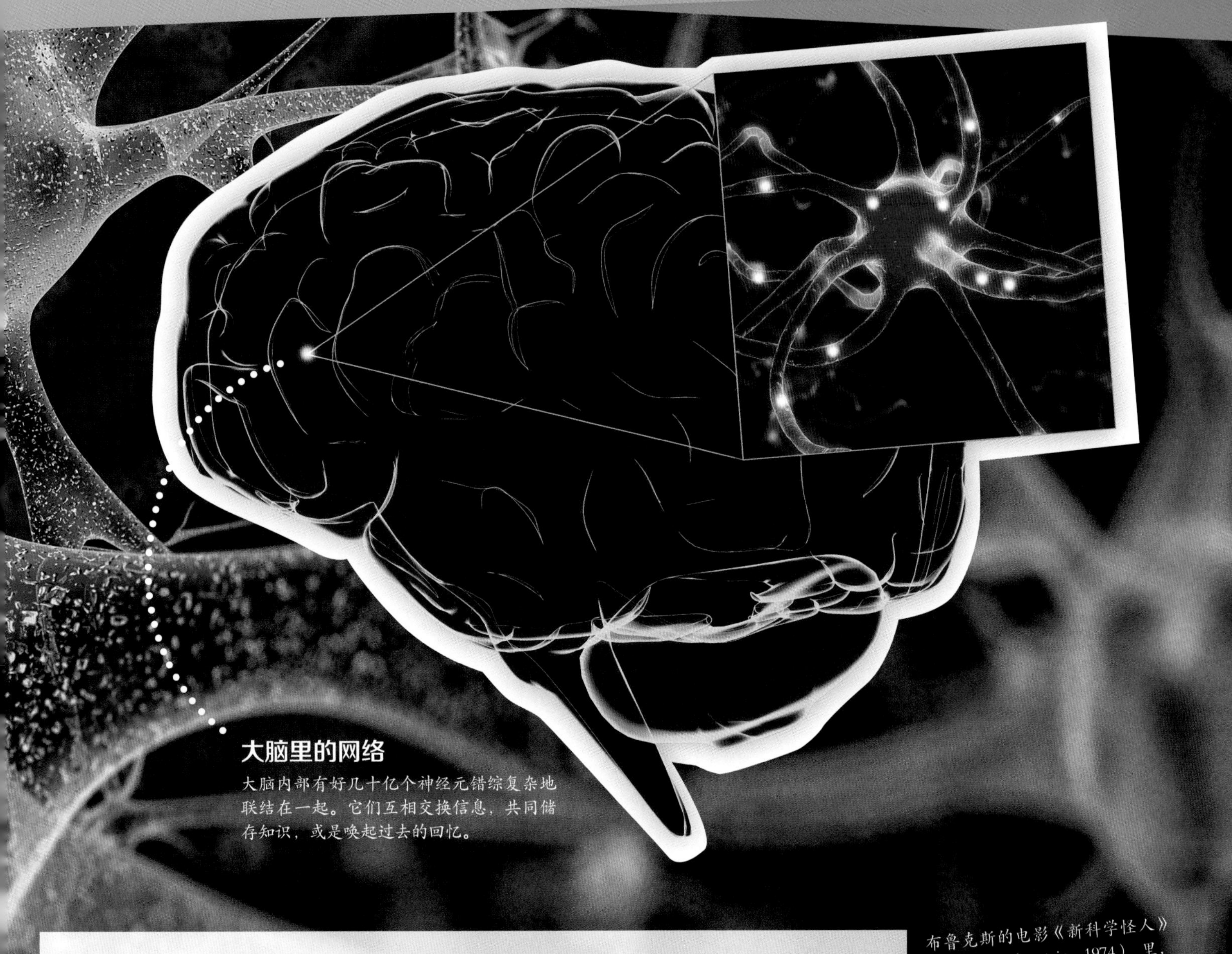

大脑里的网络

大脑内部有好几十亿个神经元错综复杂地联结在一起。它们互相交换信息，共同储存知识，或是唤起过去的回忆。

为什么我们有时候会怒发冲冠?

这种事有时候会发生在暴风雨来临时，或是春天过后在跳床上运动时，突然所有的头发都竖起来了！怎么会这样？

这与我们身体里神经细胞的电信号传递其实没有关系，而是因为有电荷集中在身体的表面。例如在跳床上运动的时候，会因为摩擦而生电，这就像用毛织品摩擦塑料物品会产生静电一样。我们的身体偶尔也会带有多余的电荷，就像在法拉第笼里，这些电荷在彼此排斥的过程中，为了互相保持距离，会寻找最大的面积，而最大的面积就在身体的表皮。我们的神经纤维就是以这种速度，快速地传递电信号。在我们头发上也是一样，电荷会分布在表面上，每根头发上都有相同的电荷，而且它们会互相排斥，尽量避开其他电荷，找到彼此之间距离最远的位置，结果就是头发全都竖了起来！只要用手去抓其他的东西，这种发型就立刻消失了，这是因为身上多余的电荷会跟着流出去。你所抓的这个东西，我们常称为“接地”，这个时候你会有短暂触电的感觉，身上的“幽灵”就跑掉了——这并不危险。

布鲁克斯的电影《新科学怪人》（*Young Frankenstein*，1974）里，博士用闪电让怪物起死回生，这带给观众一种印象，就好像是把电通到身体里的神经细胞，让它们恢复正常工作。

肌肉变成了电池

有些鱼类的能力真是叫人赞叹，例如电鳗，它的身体居然可以释放出高达700伏特的电压，真是让人印象深刻！其他鱼类一碰到，可能就当场被麻痹，成为电鳗的囊中之物。

电鳗在这方面是最高纪录的保持者，其他擅于此道的鱼类都无法产生这么高的电压，不过电鳐和电鲶也可以放电瘫痪猎物，或是攻击天敌。除此之外，还有一些较小型的鱼类可以释放出较低的电压，也同样足以造成伤害，例如看起来有点好笑的“象鼻鱼”，只能产生大约1伏特的电压，这个电压足以在它身体周遭建立起一个微弱的电场，就像个防护罩。当有异物出现在这个看不见的防护罩内，电场就会发生改变，这时象鼻鱼会立即察觉，采取行动。象鼻鱼彼此之间透过这个电场来相互沟通，这对于它们来说是相当实用的功能，因为它们生活在浑浊的水域，就算其他鱼的尾巴在眼前摇晃，它们也看不见！

鱼类如何产生电流?

会放电的鱼类不少，虽然它们不仅种类不同，产生的电压强度也很不一样，然而都是用同样的原理产生电压的。它们具有一种可以放电的器官，这是由许多肌肉细胞构成的。在演化的过程中，这些肌肉细胞特化成一个个像电池那样的细胞。

生物体内的个别肌肉细胞，是由电信号控制的，当微弱的电压传到这个细胞的时候，这个细胞就会收缩。如果所有个别的肌肉细胞在同一时间一齐收缩，就会造成整条肌肉的大幅收缩，例如我们伸手去抓一颗苹果，或是走路、跑步、跳跃，都是依赖这种肌肉收缩才得以完成的。

但是在电鱼身体里，这些特化的肌肉细胞并不是一起收缩，而是一起产生像是小电池那样的电压。如果只是单一的细胞，也还不足以成事，但是如果成千上万个这种细胞同时联合起来，就会形成真正的电池。

象鼻鱼

它可以用电场把埋藏在海底的昆虫幼虫揪出来。

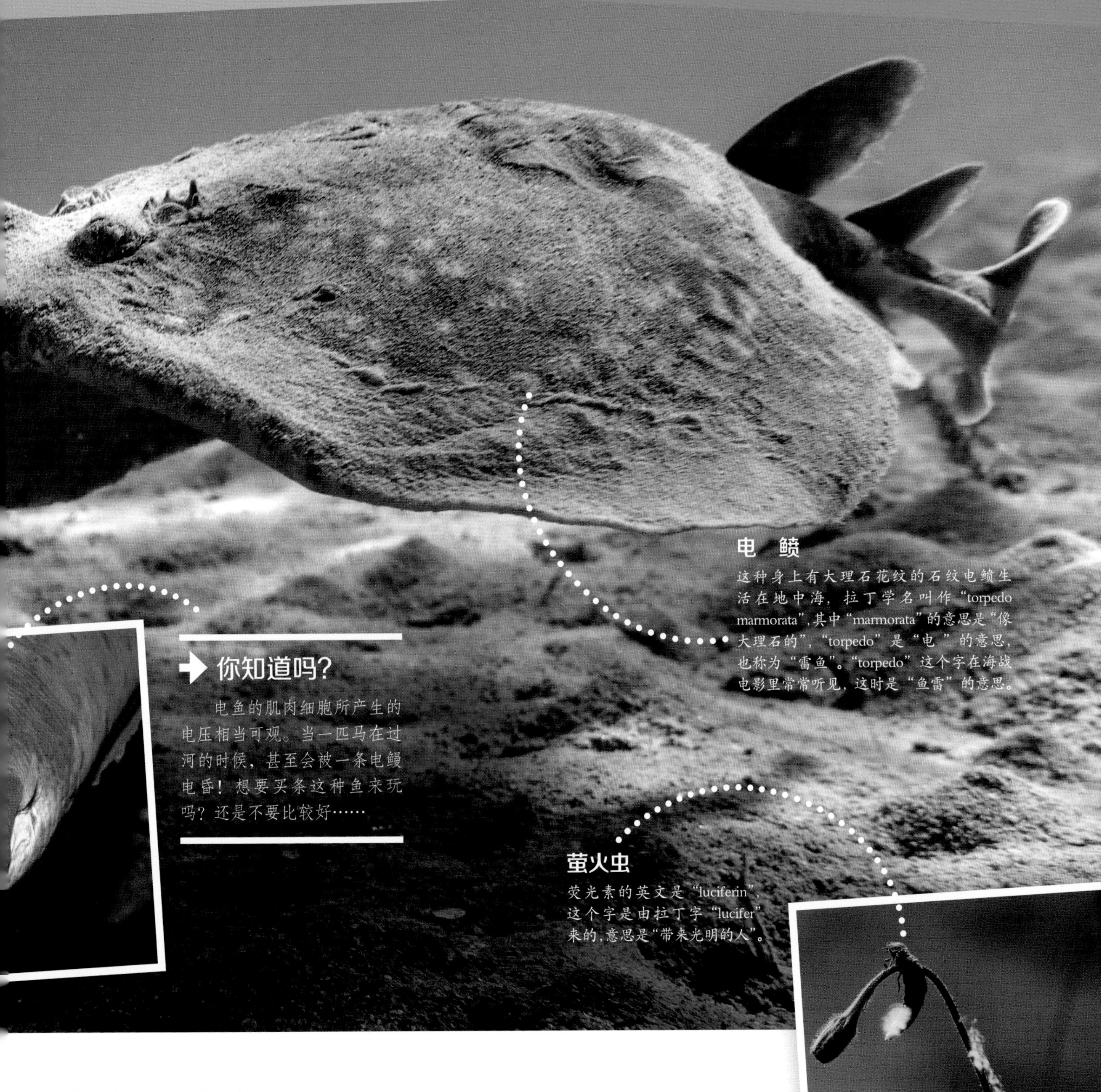

电 鳐

这种身上有大理石花纹的石纹电鳐生活在地中海，拉丁学名叫作“torpedo marmorata”，其中“marmorata”的意思是“像大理石的”，“torpedo”是“电”的意思，也称为“雷鱼”。“torpedo”这个字在海战电影里常常听见，这时是“鱼雷”的意思。

➜ 你知道吗?

电鱼的肌肉细胞所产生的电压相当可观。当一匹马在过河的时候，甚至会被一条电鳗电昏！想要买条这种鱼来玩吗？还是不要比较好……

萤火虫

荧光素的英文是“luciferin”，这个字是由拉丁字“lucifer”来的，意思是“带来光明的人”。

萤火虫是怎么发光的?

萤火虫会发光，跟电没有关系，而是起因于一种化学反应。发光的基本原理是基于一种特殊的蛋白质。所谓蛋白质，就是在生物体中，由许多原子以很特别的方式形成的构造。萤火虫所与生俱来的这种蛋白质称为“荧光素”，当它跟其他的物质产生化学反应时，就会发光。虽然萤火虫的光不是由电产生的，然而这种光或许能够在省电方面帮我们一些忙：科学家正在研究把与萤火虫有关的基因导入植物体内，或许有一天，我们在城市街道看到的，不是耗电很多的路灯，而是萤火虫般发光的树木!

未来的电力网

电力网中是不能储存电流的，所有馈入电力网的电必须立刻被用掉，所有需要用的电也必须同时馈入电力网。大部分电力的来源，像是燃烧煤炭的火力发电厂，或是核能电厂、水力发电厂以及生物质能发电厂，这些电力来源所发的电都可以依照需求来调节、调度，但是来自风力发电及太阳能发电的电力，我们当然无法完全掌握，特别是太阳能，一到了晚上，就无法直接使用。

能源过渡期如何保持稳定的电力?

从传统能源转换到再生能源的过程中，特别重要的一件事情，就是如何把电力储存起来。因此，有些工程师正在思考应该如何设计出像一整个房间那么大的电池。

其实有一种储存电力的高明手段，已经用于现在的水力发电厂。这种水力发电厂具备了一种叫作“抽水蓄能”的系统，要是风力及太阳能发电厂所发的电多于当时所消耗的电力，这些多余的电力就被用来把水由低处打回高处储存；换句话说，就是把电能再转换为水的位能储存起来。这些水，在必要的时候——例如太阳下山了，就可以再次转换为电能。

水，也可以利用化学方式来储存能量，因为从水里面可以得到氢元素，在必要的时候，这些氢气可以经由燃料电池产生电能。在现代，使用这种燃料电池驱动的第一代私家车及公共汽车，已经出现了。

除此之外，人们还热切地讨论着各式各样疯狂的主意。例如，在海底安装一颗非常巨大的水泥球，由于这颗球是空心的，海水会灌满整个水泥球的内部，当电力过剩的时候，就利用这些多余的电，把水泥球内的水抽出来；当需要用电的时候，再让水流进去，与此同时，由于水压很大，就可以推动涡轮机发电。另外还有个想法是反向来思考，也就是，根据发电的状况，改变我们的用电量。乍听之下，这个主意会让人觉得不是那么舒服，但是如果电器设备本身可以联结电表所提供的信息，那么在有多余电力的时候，它们就会自动切换到运作模式。譬如说，我们可以早上在洗衣机里放好待洗衣物，把设定调好，然后由它自己来决定什么时候开始洗衣服；又例如停放在车库里的电动车，也可以决定自己什么时候该充电，它可以利用阳光充足的白天，当所有的太阳能发电设备都在“飙机”的时候，痛快地充电。这种原理称为“智能型电力网”，有许多人正如火如荼地着手研究。在德国南部阿尔高伊有个村庄已经拥有了智能型电力网。那里的居民很主动地在各方面尝试这种生活形态，获得相当丰富的经验与成就。

加 油

未来家里或公共的加油站

在未来，燃料电池应该可以作为驱动汽车的马达，而且还可以提供家庭用电与暖气的用途。不过这种技术还有待琢磨。

如果充电所用的是绿电能，那么电动车行驶时，用的就是“干净”的能源。

锂电池

用过智能手机、平板电脑或数码相机的人，一定摸过这种东西，那就是“锂离子电池”，我们常简称为“锂电池”。由于能量密度极高，这种体积很小的电力储存装置深受人们喜爱，被用于许多移动式的电子器材。这种锂电池也有体积较大的规格，可以用来作为电动车的蓄电池。

未来的导体

虽然铜是很好的导体，但是一条铜制的电线仍然具有相当的电阻，这意味着，它在传输电流的时候，总是会有一部分的能量消耗在途中，传输的距离愈远，损耗的电能就愈多，所以要是距离太远就不划算。

这在能源过渡期，也成为一个问题。假设风力发电在北边的海岸最有效率，太阳能发电在南部最强，那么要是我们在北部设立了许多风力发电机，要如何把这些电能送到南部？反过来说，又要如何把阳光充足的南部所产生的绿电能送达北部呢？我们现在所使用的高压线电力传输系统，都还不是最佳的解决之道。那么是不是还有其他更好的办法呢？

超导体可以取代高压输电系统吗？

早在大约 100 年前，物理学家就发现了一个令人惊喜的现象。当他们把各式各样不同种类的金属冷却到极端的低温时，会发现好像有个人按了一下开关，使得这个金属本来所具有的电阻突然消失不见了。

处于这种状态下的任何材料，都被称为“超导体”。流过超导体的电流完全不会损耗，也就是说，只要保持在那个温度，电流就会永远地流下去。不过想要做这种实验的话，光用一个冰箱是行不通的，因为要使一种材料成为超导体，必须要让温度达到一个临界值以下，这个临界值称为“超导相变温度”，而这个温度大多远低于零下 200 摄氏度！这正是问题所在：为了达到这么低的温度，而且还要持续维持在这个状态，也要用掉很多的能源。不管是这样还是那样，总是有能源的损耗：一般的导体会有电阻的损耗，超导体则有冷却所需的能源损耗。因此，超导体一定不会那么快就取代一般的电力传输电线。不过目前它已经应用在许多领域，例如位于瑞士的欧洲核子研究组织（CERN），把超导体应用在加速基本粒子的装置上。另外，对于初步的核融合试验装置来说，超导体在其所使用的电磁铁上更是不可或缺的。把超导体应用在日常生活中也不再只是梦想了，研究人员已经开始测试运用超导体技术的磁悬浮列车。

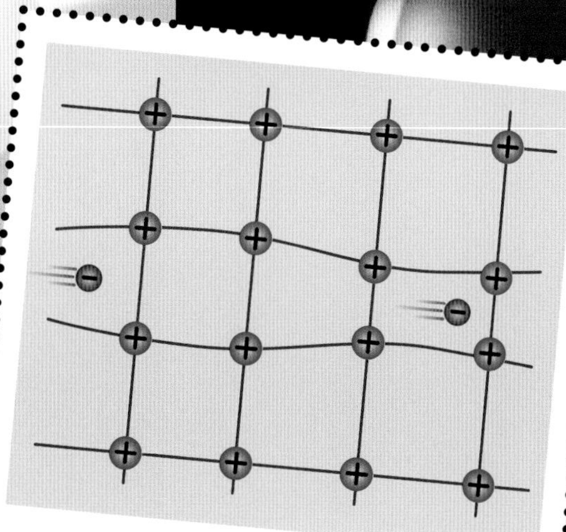

成双成对

理论上，超导体是这样运作的：电子总是成双成对地行动。这时，它们可以非常顺利地通过这个材料，不会有碰撞的情形，因此永远都不会损失能量。

巴黎大学在他们的节庆中，展示了一个叫作“MagFly”的滑板，它可以让人站在上面，借由超导体所造成的浮力，在磁悬浮轨道上滑行。

知识加油站

真是不可思议，偏偏就是那些在平常状态下导电不良的金属，可以成为好的超导体！这甚至包括常温时为绝缘体的陶瓷化合物。科学家已经借由陶瓷化合物制造出一种材料，它成为超导体的相变温度明显高于金属。不过虽然把它们称为“高温超导体”，它们的相变温度还是远远低于零摄氏度。

超导体“锁定”在固定的距离，这是零电阻的导体所衍生出的种种不寻常效应之一。当导体内完全没有电阻的时候，也不会有磁场，因为磁场所感应出来的电流会立刻抵消原本的磁场，就好像是超导体“驱离”了磁力线一样。

幽 浮

像幽灵一样飘浮着！

包得紧紧的直流电力线是由许多单独的粗铜芯紧密绞合在一起的。

直流电还可能败部复活吗？

特斯拉、威斯汀豪斯与爱迪生之间的交、直流电之争，最后分出了胜负。交流电比较容易转换为高压电，而高压电会使得电力的传输更有效率，不容易在途中损耗掉，因此我们现在所使用的是交流电的电力网。

事实上，直流电还是可以升压为高压电，只不过麻烦一点。要是我们愿意接受这些多出来的麻烦，那么直流的高压电在电力传输上，还是有它的好处。

最重要的一点是，在相同的电压下，直流电比起交流电在传输上的损耗明显小得多。因此，直流电在远距离、大电流的传输上，是个相当值得考虑的选项。例如，大型的风力发电厂、水力发电厂或太阳能发电厂，都可能距离城市很远，要是它们位于离岸的地方，还要用海底电缆，输送一大段距离。

在能源过渡期中，有许多小型的发电厂必须加入现行的电力网，这会使得我们整个交流电力网难以维持稳定。这时，独立的直流电力传输线，可以减轻现行电力输送网络的负担。

由于光生伏特设备，也就是太阳能板，所产生的是直流电压，所以我们现在也常会碰到直流低电压的情形。以前这些设备所产生的直流电，都必须先转换为交流电，再馈入电力网里。在现代，许多电器设备所使用的都是直流电，例如计算机，因此在使用许多计算机系统的建筑物里，或许应该直接连接直流电力网。

基于以上种种原因，德国联邦政府决定建造几条特别长、穿越德国全境的直流电力传输线。这种电力传输德文名称缩写是“HGÜ”，即“高压一直流电一传输”的意思。这并不会取代现行的电力网，但是可以补其不足。

德国并非唯一修建直流电力线的国家。在中国，三峡大坝巨大的水力发电厂所发的电，也是以高压直流电传输的方式，输送到距离遥远的大城市。在加拿大、美国和巴西，也都有类似远距离的高压直流电传输线。经由海底的电力传输，也常常应用到高压直流电传输的技术，例如英国与法国之间，还有德国与瑞典之间，都是以这种方式连接起来的。

安装海底电力缆线需要具有特殊布线设备的大船。

右图为德国高压直流电传输线的布线配置图。

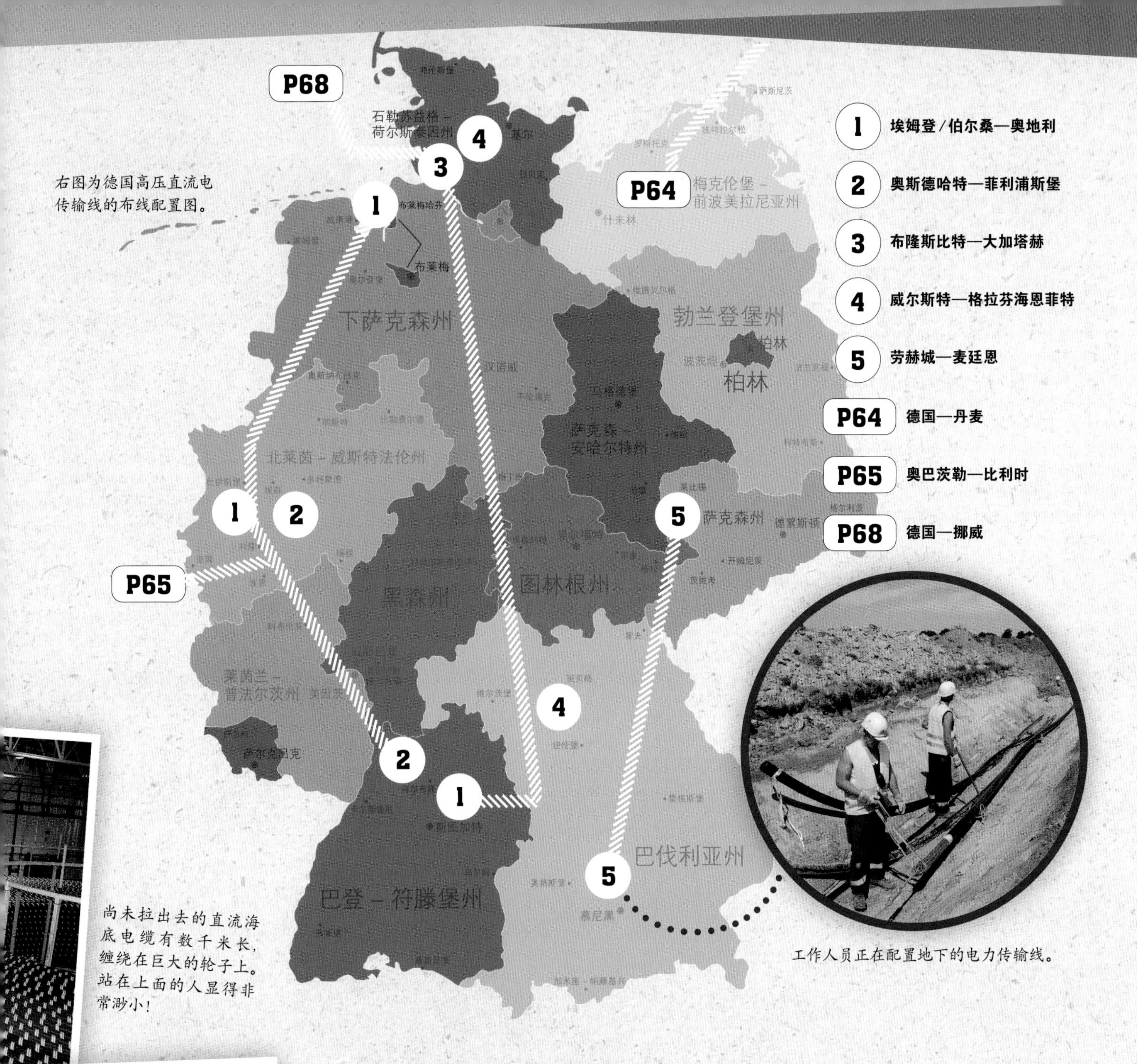

工作人员正在配置地下的电力传输线。

尚未拉出去的直流海底电缆有数千米长，缠绕在巨大的轮子上。站在上面的人显得非常渺小！

目前有项极具前瞻性的能源计划，要是缺少高压直流电传输技术的话，势必难以达成。这个计划叫作“沙漠能源科技”，它的构想是：有一天我们应该在所有容易产生绿能的地方，都建设绿能发电设备，这包括汲取撒哈拉大沙漠的太阳能。这项计划所产生的绿电能，首先要满足当地的电力需求，提供干净的能源。日后——大约 2030 年起，也许在哪个地方就已经可以产生充分的电力，还会经由高压直流传输电线，把电力输送到距离遥远的欧洲。这会是个“风中的承诺”吗? 天知道，或许拜直流电之赐，有一天终将成真!

名词解释

AC/DC：即“交流 / 直流”。“AC”是英文“Alternating Current”的缩写，“DC”是英文“Direct Current”的缩写。

电：所有与电荷或电流有关的事物。

电磁效应：电流会在四周产生磁场，电磁铁就是用这个原理制作的。电磁铁与一般磁铁的不同之处，在于以电磁铁产生的磁场随时可以关掉或开启。

电　子：细小到无法想象的基本粒子，所带的是负电。它们由一个原子往另一个原子移动的时候，就形成电流。

基本粒子：小到不能再切割的最小粒子。这是构成原子以及一切物质的基本组成单元。

直流电：相对于“交流电”，直流电是朝同一个方向流动的电流。电池所产生的就属于直流电。

半导体：这是一种材料，低温时导电性很差，温度升高时，导电性变好。

高压电：也常叫作“高电压”。就像水塔里的水具有高水位一样，水塔愈高，水压愈强；也可以把高压电想象为高电位，电位差愈高，电压愈强。使用高电压来输送电力，可以减少传输途中的电力损耗。

离　子：就是带电的原子。它们不是少了几个电子，就是多出一些电子，因此失去电中性，带正电或负电。

绝缘体：电流很不容易通过的材料。

千瓦小时：英文缩写“kWh”也很常见，其中“k”（kilo-）是“千”的意思，“W”（Watt）是“瓦特”的意思，“h”（hour）代表“小时”。这是个能量的单位，我们用了 1 千瓦小时的能量，就是用了 1 度电。1 度电大概可以煮一顿饭。

电　荷：基本粒子的一种性质，例如电子带负电，质子带正电。异性的电荷会互相吸引，同性则互相排斥，这种力量可以使电荷产生运动，而电荷的移动现象就是电流。

导　体：容易传导电流的材料称为导体。

金　属：材料的一种。金属特别容易传导电流，家里的电线里面所用的金属是铜。

欧姆定律：电学里的物理定理。它描述了电流、电压及电阻之间的关系：电阻等于电压除以电流；也可以改写为：电压等于电流乘以电阻；或是电流等于电压除以电阻。

绿电能：这是一种通俗的称呼，指的是可再生能源所产生的电能，例如水力发电、风力发电或太阳能发电。

光生伏特：把太阳光转变为电流的光电效应。

电　压：当两个地方所带的电荷量不同的时候，两者之间就有电压。如果把这两个地方用电线连接起来，电荷就会流过这条导线，直到两边所带的电量相同为止。这就好像水塔的水具有水压一样，打开水龙头，水就会流到比较低的地方，直到两边的水位相同为止，如同连通器。

电　流：电子的流动，称为电流。

超导体：电流流过时完全没有损失的导体。在这种材料中，电阻为零。但是这种材料要冷却到很低的温度，才会成为超导体。

变压器：利用电磁感应原理而制作出来的电子元件。它可以转换电流的电压，例如由低电压变为高电压，或由高电压变为低电压。

交流电：相对于“直流电”，交流电流动的方向一直在改变。在交流电里，电子只是来来回回地振动着，并不真的会流到别的地方去。但是由于电荷还是处于运动状态，所以也是一种电流的现象。家里的插座所提供的是交流电。

电　阻：材料的一种特性，用来表示电流流过这种材料的难度大小。电阻越大，就表示电流越不容易流过这种材料。每种材料都有自己的电阻值，每种电器也都具有自己的综合电阻值。

图片来源说明 /images sources:

123RF：9上右 (Pedro Antonio Salaveirra Calahorra)，26下右 (Sinisa Botas)；ABB – Energie- und Automatisierungstechnik：46上右，46中右，46-47下中，47中右；Alimdi：36上右 (Jochen Tack)；AVENUE IMAGES：25中中(Thomas Dressler)；Biosphoto：40上右 (Thierry Van Baelinghem)；Brandl，Anton：32背景图，33背景图；Caro Fotoagentur GmbH：18-19背景图 (Jandke)，19中右 (Oberhaeuser)；Choi+Shine Architects：20上中 (© 2008-2013)；Daimler AG：43m (Global Communication)，43下左；ddp images GmbH：24下右；F1online：1 (Cusp)，9上左 (Pixtal)；FOCUS Photo- und Presseagentur：12中左 (DETLEV VAN RAVENSWAAY/SCIENCE PHOTO LIBRARY)，44-45背景图 (Pasieka)；Fotolia LLC：19下右 (Horst Schmidt)，26下左 (lily)；imago：15中右，21下右；independent Medien-Design：44下右；Juniors Bildarchiv：41下右 (P.A. Hinchliffe/Photoshot)；laif Agentur für Photos & Reportagen：43上 (Henrik Spohler)，45中 (RGA/REA)；Laska Grafix：7下右；Photothek：43下右 (Thomas Imo)；picture alliance：2上右 (akg-images)，3中右 (H. Reinhard/Arco Images GmbH)，4上右 (akg-images)，4-5背景图 (akg-images)，11下右 (91020/united archives/WHA)，13下右 (imageBROKER/Daniel Kreher)，15下右 (imageBROKER/Christian Ohde)，21上右 (imageBROKER/Holger Weitzel)，23下左 (ZUMAPRESS/ BuyEnlarge)，24上右 (Image Source)，25上右 (Kind：CHROMO RANGE/Bilderbox)，26-27背景图 (newscom/JOHN ANGELILLO)，28上右 (Westend61/Tom Hoenig)，28下左 (imageBROKER/ Jochen Tack)，30-31背景图 (Image Source RF)，31上右 (Dick Jones)，35下左 (Matt Writtle/EMPICS)，35上右 (Design Pics/Ken Welsh)，37下右 (MP/Leemage)，37上中 (akg-images)，39下右 (90061/kpa)，40下左 (H. Reinhard/Arco Images GmbH)，42下右 (Kevin Dietsch 3461596/UPI/Landov)，48上右 (Image Source/James French)；PRISMA Bildagentur AG：36背景图 (Jens Roesner，Chemnitz)；Shutterstock：6下右 (Andrea Danti)，6上右 (ART-ur)，9下右 (Panacea Doll)，10下中 (Artography)，11上右 (Picsfive)，11上右(Roberaten)，15中中 (Dima Groshev)，15中右 (Sharomka)，16左(Roberaten)，17上左 (Hub.-Wilh. Domroese)，18下左 (Hivaka)，22，23背景图 (javarman)，24-25背景图 (Roberaten)，24下左 (alarich)，25上右 (Hochspannung：Kaspri)，27下右 (Volodymyr Krasyuk)，29背景图 (Roberaten)，29中中 (mipan)，32-33背景图 (Roberaten)，38-39背景图 (vitstudio)，40-41上 (Zitterrochen：Vitaliy6447)，43背景图 (Roberaten)，47上中 (ekler)，47背景图 (Roberaten)；Sol90images：14下中；textetage：2下左，12-13背景图，16-17背景图；Thinkstock：3上右 (Sebastian Kaulitzki)，3中左 (Igor Zhuravlov)，8下右 (Brand X Pictures)，8上中 (Yury Maselov)，11上左 (Matthew Cole)，14上右 (forest_strider)，19上右 (MihailDechev)，20下右 (Cristian Gabriel Kerekes)，21中左 (snvv)，25下右 (Dorling Kindersley)，30上中 (Igor Smichkov)，30下右 (Dmitry Raykin)，31上左 (Anton Snarikov)，31中右 (michelangelus)，34背景图 (Igor Zhuravlov)，39上右 (Sebastian Kaulitzki)；Toyota Motor Europe：42背景图；United Archives：22中右，23上左，23上右；Wikipedia：3下中 (CC BY-SA 3.0/Mai-Linh Doan)，4下右 (CC BY-SA 4.0/ Universitätsbibliothek Heidelberg/UB Graphische Sammlung，Graph. Slg. P_2434/Bild-ID 33578)，5上左 (PD/Museumsarchiv Springe)，10中左 (CC BY-SA 3.0/Zátonyi，Sándor ifj.，Fizped)，37中左 (Public Domain)，45下右 (CC BY-SA 3.0/Mai-Linh Doan)

封面照片：封 1：Getty(The Image Bank)，封 4：Shutterstock (SurangaWeeratunga)

设计：independent Medien-Design

内 容 提 要

本书为我们介绍了自然世界的电流，人类创造电、利用电的历史过程与各种科技发明，通俗易懂地讲解了电这一改变人类世界的重要物质。《德国少年儿童百科知识全书·珍藏版》是一套引进自德国的知名少儿科普读物，内容丰富、门类齐全，内容涉及自然、地理、动物、植物、天文、地质、科技、人文等多个学科领域。本书运用丰富而精美的图片、生动的实例和青少年能够理解的语言来解释复杂的科学现象，非常适合7岁以上的孩子阅读。全套图书系统地、全方位地介绍了各个门类的知识，书中体现出德国人严谨的逻辑思维方式，相信对拓宽孩子的知识视野将起到积极作用。

图书在版编目（CIP）数据

改变世界的电 /（德）劳拉·黑恩曼著 ； 林碧清译
. -- 北京 ： 航空工业出版社，2022.3（2024.2 重印）
（德国少年儿童百科知识全书 ： 珍藏版）
ISBN 978-7-5165-2894-5

Ⅰ. ①改… Ⅱ. ①劳… ②林… Ⅲ. ①电学－少儿读物 Ⅳ. ①O441.1-49

中国版本图书馆 CIP 数据核字（2022）第 025106 号

著作权合同登记号
图字 01-2021-6331

ELEKTRIZITÄT Megavolt und Supraleiter
By Dr. Laura Hennemann
© 2013 TESSLOFF VERLAG, Nuremberg, Germany, www.tessloff.com
© 2022 Dolphin Media, Ltd., Wuhan, P.R. China
for this edition in the simplified Chinese language
本书中文简体字版权经德国 Tessloff 出版社授予海豚传媒股份有限公司，由航空工业出版社独家出版发行。
版权所有，侵权必究。

改变世界的电
Gaibian Shijie De Dian

航空工业出版社出版发行
（北京市朝阳区京顺路 5 号曙光大厦 C 座四层　100028）
发行部电话：010-85672663　010-85672683

鹤山雅图仕印刷有限公司印刷　　全国各地新华书店经售
2022 年 3 月第 1 版　　2024 年 2 月第 5 次印刷
开本：889×1194　1/16　　字数：50 千字
印张：3.5　　定价：35.00 元

WAS IST WAS
船的故事

WAS IST WAS
飞机的秘密

WAS IST WAS
火山探秘

WAS IST WAS
七大奇迹

WAS IST WAS
汽车世界
WAS IST WAS
鲨鱼家族

WAS IST WAS
百变天气

WAS IST WAS
穿越大自然

WAS IST WAS
鲸和海豚

WAS IST WAS
恐龙王国

WAS IST WAS
矿物与岩石

WAS IST WAS
爬行与两栖动物

WAS IST WAS
大自然的力量

WAS IST WAS
改变世界的电

WAS IST WAS
各种各样的鱼

WAS IST WAS
猫的家族

WAS IST WAS
奇境森林

WAS IST WAS
忠诚的狗

WAS IST WAS
浩瀚宇宙

WAS IST WAS
狼的故事

WAS IST WAS
蚂蚁和白蚁

WAS IST WAS
美丽的蝴蝶

WAS IST WAS
蜜蜂和胡蜂

WAS IST WAS
潜水的魅力

WAS IST WAS
古老的希腊文明

WAS IST WAS
古罗马生活

WAS IST WAS
欧洲风情

WAS IST WAS
骑士时代

WAS IST WAS
舞动的音符

WAS IST WAS
古老的城堡

WAS IST WAS
熊的秘密生活

WAS IST WAS
化石档案

WAS IST WAS
奇妙的昆虫

WAS IST WAS
极地世界

WAS IST WAS
神秘的蜘蛛

WAS IST WAS
大象王国

WAS IST WAS
海底宝藏

WAS IST WAS
海洋之谜

WAS IST WAS
火星登陆

WAS IST WAS
忙碌的农场

WAS IST WAS
时尚魅影

WAS IST WAS
全球气候